U0662748

［日］中尾真二 ◎ 著

王惠波 宋波 ◎ 译

图解计算机网络

Internet、移动通信与云计算

清华大学出版社

北京

北京市版权局著作权合同登记号　图字：01-2023-6156

ZUKAI SOKUSENRYOKU NETWORK NO SHIKUMI TO GIJUTSU GA
KORE 1 SATSU DE SHIKKARI WAKARU HON
By Shinji Nakao
Copyright © 2022 Shinji Nakao and edipoch Co., Ltd
Chinese translation rights in simplified characters arranged with GIJUTSU-HYORON
CO.,LTD. through Japan UNI Agency, Inc., Tokyo

图书在版编目（CIP）数据

图解计算机网络：Internet、移动通信与云计算 /（日）中尾真二著；王惠波，
宋波译 . -- 北京：清华大学出版社，2025. 9. -- ISBN 978-7-302-68752-8

Ⅰ. TP393-64

中国国家版本馆 CIP 数据核字第 2025CM9586 号

责任编辑：郭　赛
封面设计：杨玉兰
责任校对：刘惠林
责任印制：刘海龙

出版发行：清华大学出版社
　　　　　网　　址：https://www.tup.com.cn，https://www.wqxuetang.com
　　　　　地　　址：北京清华大学学研大厦 A 座　　　邮　编：100084
　　　　　社总机：010-83470000　　　　　　　　　邮　购：010-62786544
　　　　　投稿与读者服务：010-62776969, c-service@tup.tsinghua.edu.cn
　　　　　质量反馈：010-62772015, zhiliang@tup.tsinghua.edu.cn
　　　　　课件下载：https://www.tup.com.cn,010-83470236
印　装　者：涿州市般润文化传播有限公司
经　　销：全国新华书店
开　　本：145mm×210mm　　　印　张：6.375　　字　数：192 千字
版　　次：2025 年 9 月第 1 版　　印　次：2025 年 9 月第 1 次印刷
定　　价：59.50 元

产品编号：102936-01

前　言

　　本书旨在帮助初学者通俗易懂地了解计算机网络的基础知识。然而，计算机网络不仅涉及通信技术，还涉及相关的物理、几何知识，需要系统的理论学习和技术实践。

　　学问没有捷径，相关的学习和研究自然不能回避。当你想学习和了解计算机网络的知识时，会发现只能走这条路。要深化计算机网络的知识和技能，扎实的学习必不可少，但入门和知识导入应该更简单、更直接。

　　计算机网络的知识和技术是令人着迷的东西，一旦你进入其中，就会发现它的魅力所在。而且，计算机网络是现代社会基础设施不可或缺的一部分，计算机网络知识和技能是社会素养的重要组成部分。利用兴趣和机会拓宽自己的可能性，掌握广泛领域的知识和技能将是十分有益的。

　　因此，本书解释了计算机网络的工作原理和原则，并将本书内容局限于基于 TCP/IP 的互联网及其基础网络，这些都是人们当前生活和工作中不可或缺的。此外，本书还介绍了云计算和 SDN 等最新的发展趋势和术语，希望对您的工作有所帮助。

　　此外，本书的理念是在单页中完成一个主题，图文并茂，有助于您理解相关技术。对于无法写入正文的术语解释和补充信息，则会通过"提示"加以补充。不过，由于本书的重点在于可读性和可理解性，因此这种编写方式不足以满足学术和系统学习的需要。如果您有兴趣通过本书进行计算机网络的学习，并希望进一步加深理解相关知识，不妨在阅读本书后，再进一步研读相关专业技术评论或学术著作。

中尾真二

目　录
CONTENTS

第**1**章

网络的基本概念

"网络"一词可以用于各种场合，通常由连接的对象（节点）和连接它们的线路组成。在了解网络的工作原理之前，先来了解一下网络的基本概念，例如"网络"一词的含义、网络的结构、网络的连接方式以及网络的组成部分。

1.1 "网络"一词的含义
——何为网络

"网络"一词用于日常生活中，根据使用环境的不同，其含义也多种多样。在此，将从技术的角度介绍一下"网络"一词。

☑ 1.1.1　从技术角度看网络

网络在学术上可以描述为"通过某种机制或规则将一个对象与另一个对象连接起来的有机系统或体系"。网络连接的对象包括人和物，但从技术角度来看，网络指的是计算机和智能手机等设备及系统。人们熟悉的网络包括互联网、移动电话网络和银行自动取款机等。互联网是由计算机和智能手机等组成的网络。移动电话网络是使用 4G/5G 等无线通信技术拨打电话和进行通信的网络（移动网络）。移动电话网络也与互联网相连。

☑ 1.1.2　基本网络结构和术语

在网络中，连接的对象称为"节点"。网络是"节点的连接"，一个节点必须与一个或多个其他节点相连才能称为网络。节点的连接方式称为"网络拓扑"。每个节点总是通过导线（有线或无线）与其他节点相连，不存在单独或独立的节点。每个节点的功能、作用和连接决定了网络的类型和结构。记住网络的特征非常重要，因为它们对于了解连接世界各地计算机的互联网也很重要。不同形态的网络如图 1.1 所示。

> **提 示**
>
> - 4G / 5G：国际电信联盟（ITU）制定的移动电话通信标准，每一代分别称为 3G、4G 和 5G。
> - 无线通信技术：通过无线电波传输语音、数据和其他信号的通信技术。目前，数字通信非常普遍，所有语音和数据都以数字信号的形式传输。

- 线: 有机连接节点的设备, 也称为媒介。
- 数据和文件夹连接也是网络——"网络"作为一个技术术语, 并不只意味着硬件之间的连接。例如, 用于人工智能开发的神经网络 (Neural Network, NN) 可以被描述为功能和数据连接的软件配置。显示文件夹层次结构的图是"目录树", 这种目录树的树状结构也可称为网络, 因为节点与其父文件夹 (父目录) 相连。

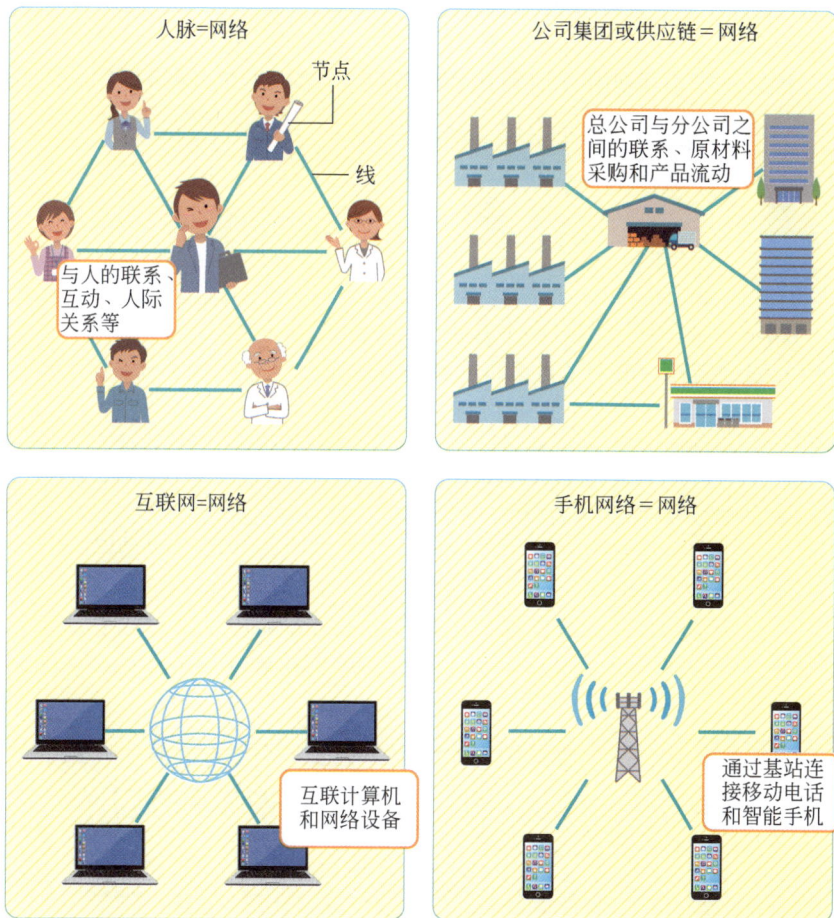

图 1.1　不同形态的网络

1.2 网络的连接方法
——网络连接形式及其类型

根据功能、用途和通信手段的不同，网络的连接形式也各不相同，这种连接形式称为网络拓扑。下面了解一下网络的基本连接形式。

☑ 1.2.1 网络拓扑的含义

网络由节点（如单个计算机和服务器）连接而成。网络拓扑结构是指节点的连接方式和连接方法。网络拓扑结构有多种类型，取决于连接各方的数量和连接方式，如一对一或多对多连接。

☑ 1.2.2 网络拓扑的类型

网络拓扑结构一般有以下几种类型，如图 1.2 所示。
- 线型结构：每个节点都以直线连接。
- 环状结构：每个节点都以环形连接（如令牌环）。
- 星状结构：所有节点都连接到一个称为集线器的起始节点（如使用集线器的以太网）。
- 总线型结构：所有节点都连接到一条总线（如使用同轴电缆的以太网）。
- 树状结构：每个节点都与父节点或子节点相连。没有父节点的节点称为根节点，没有子节点的节点称为叶节点（如域名或文件系统）。
- 网状结构：每个节点任意连接到一个或多个节点。其中，每个节点都与其他节点直接连接的网络称为全网状（或全连接）网络（如互联网和各种传感器网络）。

线型

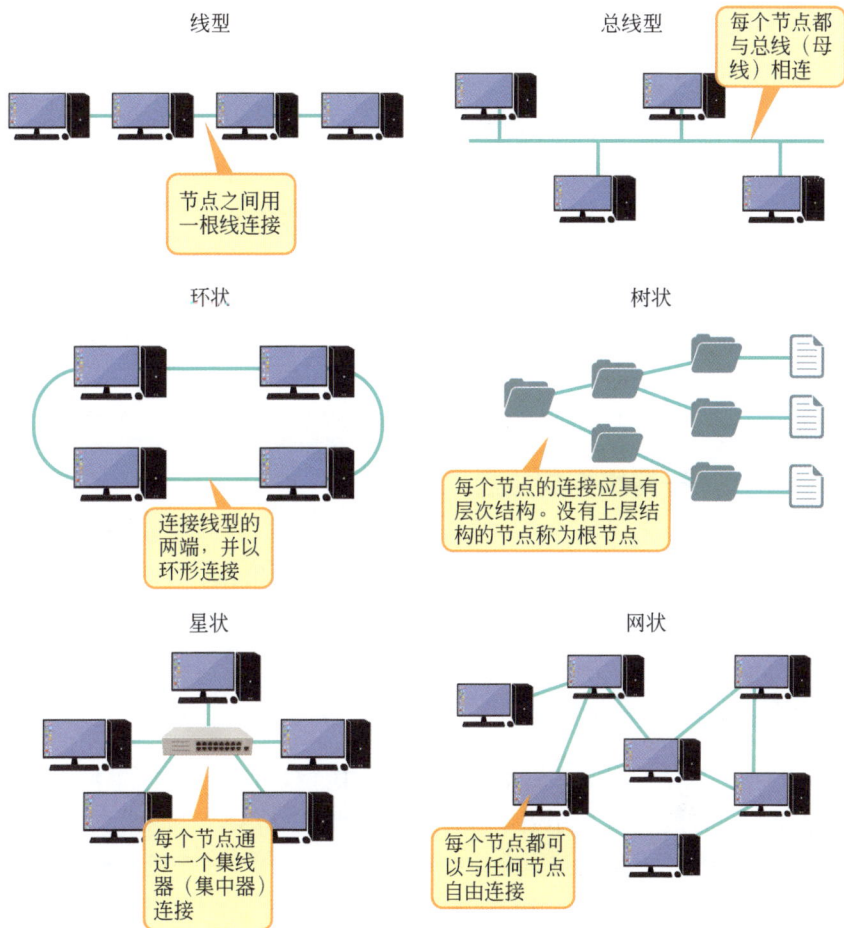

节点之间用
一根线连接

总线型

每个节点都
与总线（母
线）相连

环状

连接线型的
两端，并以
环形连接

树状

每个节点的连接应具有
层次结构。没有上层结
构的节点称为根节点

星状

每个节点通
过一个集线
器（集中器）
连接

网状

每个节点都可
以与任何节点
自由连接

图 1.2　网络拓扑结构的主要类型

提　示

- 交换机：确保节点间连接安全的设备，也称为集线器。
- 以太网：局域网连接设备的网络标准。电气特性和协议由
  IEEE 802.3 规定。
- 同轴电缆：用作母线的电缆。它有一根单芯导线，周围有尼龙
  绝缘层，外面包裹着网状导线。电视天线电缆也称为同轴电缆。

- 复合型网络：每种网络拓扑结构都可以组合使用，除局域网等小型网络外，复合拓扑结构也很常见。例如，移动电话网络是以基站为枢纽的星状拓扑结构，但基站也可以是网状拓扑结构和线型拓扑结构的混合体。此外，网络的管理方式并不总是与网络的物理连接方式（拓扑结构）相匹配。组成互联网的路由器是网状拓扑结构，而网络上的域名是树状拓扑结构，根域名服务器位于顶层。

1.3 连接网络所需的条件
——网络构成要素

除计算机外，组建网络还需包括服务器、路由器、集线器和电缆。最基本的网络是每个设备都连接到一个集线器上。

☑ 1.3.1 组成网络的硬件要素

这里的网络假设是最基本的网络，其中连接着办公室中的计算机和服务器，这种网络称为局域网（LAN）。广域网（WAN）和互联网可视为基本网络结构的延伸。这里介绍的一些设备将在第 2 章中进行更详细的介绍。

☑ 1.3.2 使用集线器和路由器的网络

要连接网络中的各个设备，就要使用集线器确保网络信号线相互连接。简单的集线器只是将连接器连接起来，但是，集线器可对网络数据进行解码，并只连接到正确的目的地。最基本的局域网是由集线器连接的设备网络，这就是网段。多个集线器可以组成一个局域网，要将一个局域网连接到另一个局域网，就需要使用路由器。路由器是连接局域网的设备，用来确定其接收到的信号是否要发送到其管理的局域网，并处理数据是否应输入局域网或传递到另一个路由器。发往其管理的局域网内部的通信不会发送到外部，而发往外部的通信则会转发到另一个路由器进行处理，如图 1.3 所示。

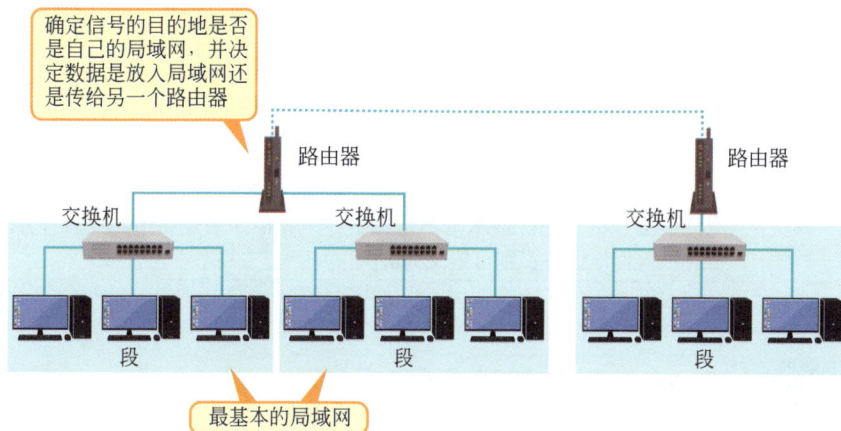

图 1.3 网络设备连接实例

提 示

- WAN：Wide Area Network 的缩写，是与 LAN（Local Area Network）相对应的一个术语，它是连接比局域网更大的物理区域的网络，例如建筑物的内外。
- 仅连接到正确的连接位置：由于连接点像交换机一样进行切换，因此也称为切换集线器。

在网络上使用的主要设备和器件如表 1.1 所示。

表 1.1 网络上使用的主要设备和器件

主要设备和器件	用 途
网线	在网络上传输信号（数据），并将计算机和网络设备相互连接的物理线路
交换机（集线器）	在网络上中继信号的设备。它可以连接多个设备的局域网电缆，只向指定节点发送信号。网络是由交换机连接起来的最小范围单位
转发器	通过网络转发信号的设备。它可以连接多个设备的局域网电缆，并在接收信号时传输接收到的信号。通常会对信号进行放大和调整，以增加连接距离

主要设备和器件	用　　途
网桥	在不同协议和传输原理的网络之间转发信号的设备。可以转换信号电平、调制方式、协议等
网络接口卡	转换网络和计算机信号的电路板
路由器	连接由交换机捆绑在一起的网络（网段）设备。它在网段内的通信和网段外的通信之间组织通信（路由）
网关	连接网络的连接点，位于同一协议的网络或网段边界，控制数据包的进出。该术语不指特定技术，但如果是路由器或服务器等网络设备，则可定义为网关

1.4 通过网络发送数据的方法
——数据传输的原理

了解发送和接收数据（数据传输）的基本方法，以及数据如何表示为信号,这些概念和原理会使我们更容易地了解不同网络的特点和性能。

☑ 1.4.1　串行和并行传输

数据传输方法有两种：串行传输和并行传输。串行传输是一种在单根信号线上传递脉冲信号的方法，一次只能发送一位数据。而并行传输则使用多条信号线，如 8 或 16 条信号线，每次以 8 或 16 位为单位发送数据。由于并行传输使用多条信号线，因此不适合连接长距离的网络。因此，目前大多数通信网络都使用串行传输。原则上，串行传输只需要一条信号线即可实现双向通信，但通常使用两条信号线，一条用于传输（Tx），另一条用于接收（Rx）。

☑ 1.4.2　异步和同步通信

通信的开始和结束需要信号和约定，否则，当接收到数据时，就不清楚数据来自何处。开始通信的信号称为起始位，结束通信的信号称为终止位。有了起始位和终止位，就可以确定是否没有信号或是否发送的是零（即使数据后面是零等）。这种发出开始和结束信号的方法称为"异步通信"（asynchronous communication）。相比之下，使用时钟信号的同步信号发送数据的方法称为"同步通信"。时钟信号是以相同的时间间隔发送信号的，就像时钟上的秒针一样。信号和数据与时钟信号的脉冲同步发送，如图 1.4 所示。

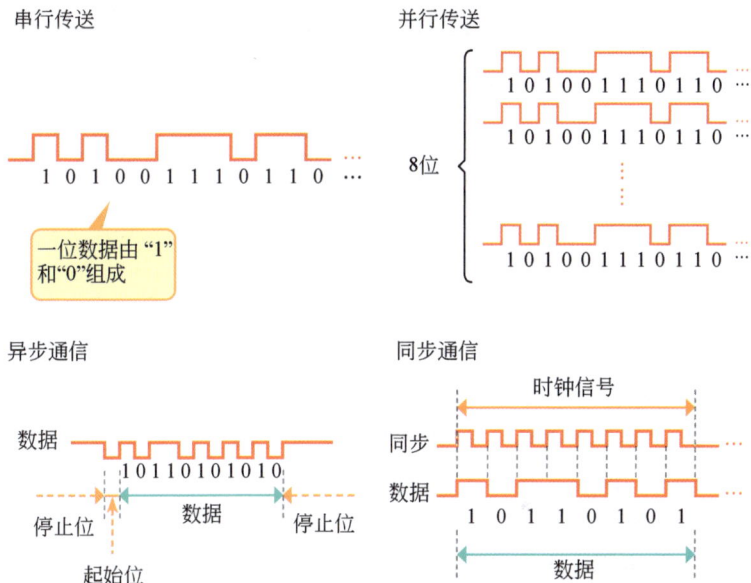

图 1.4　数据传送的主要方式

数据传送方式的主要种类，如表 1.2 所示

表 1.2　数据传送方式的主要种类

传 送 方 式	特　征
串行传送	用一条信号线逐个发送和接收数据
并行传送	在多条信号线上传输和接收多个比特的数据
异步通信	使用起始位和停止位发送和接收数据
同步通信	利用时钟信号收发数据
半双工通信	如无线电设备一样，单向传输和接收
全双工通信	如电话一样，可同时发送和接收信号

> **提 示**
>
> - 脉冲型：以固定时间间隔重复的波形信号的状态。
> - 1比特：十进制数的一位数表示为1比特。
> - 8条或16条：并行传输使用多条信号线传输数据。8位数据使用8条信号线，16位数据使用16条信号线。
> - 同步信号：以固定间隔（频率）传输的脉冲信号，以便在数据传输过程中以固定间隔读取数据。

专栏 1

数字键盘和电话数字的配置差异

计算器或键盘上的数字键盘与智能手机或电话上的数字键盘的数字顺序不同。为什么会出现这种情况？

① 计算机和电话是分开开发的

原因有很多，具体原因不得而知，但从技术的角度看，人们认为这是因为计算机和通信网络最初是作为不同的技术分别开发的。虽然现在的计算机是在通信网络的基础上发展起来的，但国际标准或国家部委和机构对计算机和通信网络是分开划分的。具体来说，大多数与计算机有关的标准由电气和电子工程师协会（IEEE）制定，而电话和其他通信的标准则由国际电信联盟（ITU）的标准化部门制定。

② 脉冲产生的顺序

数字顺序的不同可以用不同的标准来解释，但深入到技术层面，初始电话号码代表的是脉冲信号发出的次数，而不是数字。键盘上的数字键盘则处理数字数据本身。在早期的电话中，"1"由电话线上的一个脉冲表示。"9"用9个表示，"0"用10个表示。利用这种机制，人们发明了老式电话中的"拨号盘"（旋转数字板）

作为产生与数字相对应的脉冲的机制。在拨号盘上，手指放在孔上转动。由于拨号盘返回时会产生脉冲，所以 0 被放在 9 之后，而不是 1 之前。表盘中的数字顺序直接反映在电话键盘的排列上。顺序是从左到右。从上到下，就像横排字母的顺序一样。对于计算器和键盘，数字的顺序却是从下往上排列的。

第2章

数据交换的原理

　　为了与计算机、服务器等交换数据，需要一种被称为协议的约束。此外，还需要标识符和其他信息，以确保数据准确地传递到目的地。本章将介绍数据交换的基本机制，以及用于通信的协议和网络设备的特点。

2.1 通信所需的通信条款
——协议

网络中的协议是指通信条款。协议中定义了进行通信的数据的构成及准确交换数据的程序等各种条款和标准。

☑ 2.1.1　确立通信的协议

要通过网络发送和接收数据，发送方和接收方必须相互了解。在电缆、计算机等的内部，数据只是流动，因此有必要确定数据的哪些部分是目的地数据，哪些部分是信号数据，哪些部分是要交换的数据主体，这种确定就是协议。如果使用相同的协议，不同设备之间就可以进行通信，但如果使用不同的协议，即使在相同设备之间，也无法进行通信。协议一般由 ISO（国际标准化组织）和 IEEE（美国电气和电子工程师协会）等标准化组织以及行业协会和联盟讨论和验证后确立。在某些情况下，公司会为自己专用的产品制定自己的协议，互联网也有自己的 RFC（征求意见）确立方式。

☑ 2.1.2　协议的种类

协议包括各种类型的标准和每个网络层次的条款约定。例如，通过局域网电缆连接的网络使用以太网协议进行通信。互联网协议包括 IP、TCP 和 UDP。此外，还有用于各种应用的其他协议，如用于接收电子邮件的 POP，用于发送电子邮件的 SMTP，用于访问网站的 HTTP 和 HTTPS，以及用于将 URL 域名转换为 IP 地址的 DNS，如图 2.1 以及表 2.1 所示。

表 2.1　主要协议

协　议	概要和用途
IEEE 802.3	由 IEEE 制定的以太网标准协议，用于局域网电缆等
IEEE 802.11	由 IEEE 制定的无线局域网标准协议，俗称 Wi-Fi
IP（Internet Protocol）	连接多个网络的协议，构成互联网

续表

协　议	概要和用途
ARP（Address Resolution Protocol）	从每个设备的 IP 地址找出其拥有的 MAC 地址的协议
TCP（Transmission Control Protocol）	与更高层次（如互联网）进行可靠通信的协议
UDP（User Datagram Protocol）	在互联网和其他地方与更高层次通信的协议，优先考虑速度和便利性
POP（Post Office Protocol）	接收邮件的协议
SMTP（Simple Mail Transfer Protocol）	发送邮件的协议
HTTP（Hypertext Transfer Protocol）	网络浏览器与网络服务器之间通信的协议
DNS（Domain Name System）	向 DNS 服务器查询 IP 地址并将域名转换为 IP 地址的协议

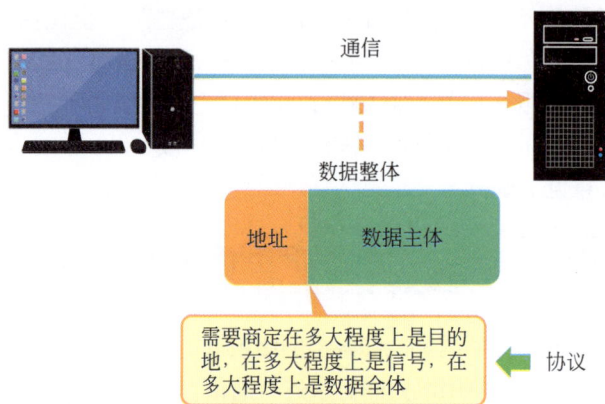

图 2.1　通信所需的协议

提　示

- ISO：国际标准化组织（International Organization for Standardization）。它是制定全球标准的机构，ISO 颁布的标准被称为 LISO 标准。

- IEEE: Institute of Electrical and Electronics Engineers 的缩写，这是一个非营利性的电气和电子工程师协会，负责组织国际会议、标准制定和教育活动。
- RFC: 关于互联网技术规范等的文件，IETF 为其汇编标准提案，然后在互联网上讨论，决定是否接受这些提案作为标准。

2.2 高效通信的分层结构
——网络层次结构（层）

有一种模式将网络分为硬件层、协议层和应用层。应牢记网络层次结构（层）和协议栈等术语。

☑ 2.2.1　按等级划分层次，消除无用功

试想一下，从计算机的电子邮件应用程序发送电子邮件，然后在智能手机的电子邮件应用程序中打开。在发送电子邮件和对方打开电子邮件之间，所使用的网络、协议、操作系统和应用程序都是不同的。必须对应用程序进行编程，使其正确地传输数据，这样才能收发电子邮件，但如果每个应用程序都进行所有的转换处理，程序就会变得更加复杂和浪费。因此，网络划分为硬件、协议和应用程序的层次（层），并共享处理过程。例如，如果信号在硬件层得到了处理，则无须在上面各层进行处理。

☑ 2.2.2　协议栈的处理原理

网络中使用不同的协议，协议之间的差异通过协议栈的分层概念进行处理。协议一般定义为报头和有效载荷的元素。报头是协议信息，或者用邮政术语来说是目的地和邮政类型（信件、明信片、特快专递）等信息，有效载荷是要传输的数据本身。如果协议下层的有效载荷包含上层的报头和有效载荷，则相应的协议层仅解释自己的报头信息，并将有效载荷传送到上层网络。由于有效载荷是上层的报头和有效载荷，所以

上层网络的协议便可以正确处理它，如图 2.2 和图 2.3 所示。

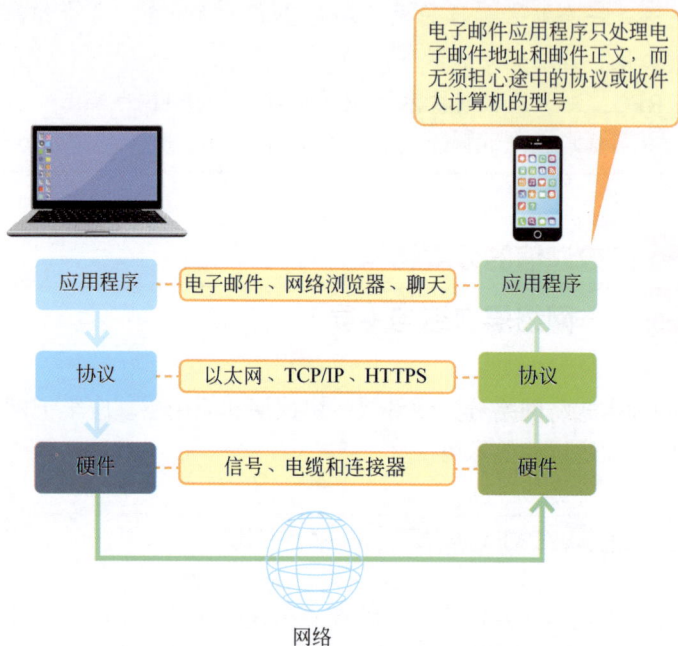

电子邮件应用程序只处理电子邮件地址和邮件正文，而无须担心途中的协议或收件人计算机的型号

应用程序	电子邮件、网络浏览器、聊天	应用程序
协议	以太网、TCP/IP、HTTPS	协议
硬件	信号、电缆和连接器	硬件

网络

图 2.2　利用网络中的分层结构进行通信的示意图

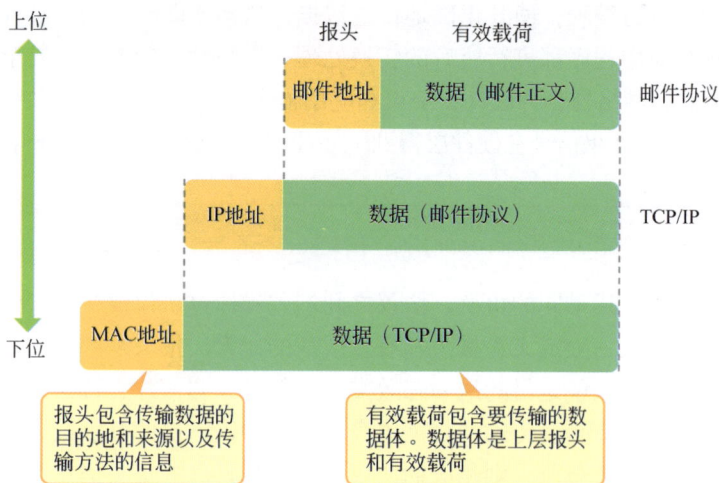

上位

报头　　　有效载荷

邮件地址	数据（邮件正文）	邮件协议
IP地址	数据（邮件协议）	TCP/IP
MAC地址	数据（TCP/IP）

下位

报头包含传输数据的目的地和来源以及传输方法的信息

有效载荷包含要传输的数据体。数据体是上层报头和有效载荷

图 2.3　使用协议栈进行通信的示意图

> **提　示**
>
> - 协议：通信协议，包括通信的确立和程序。它规定了报头和有效载荷的格式、必要信息和交换数据的程序。
> - 协议栈：一种协议的有效载荷包含另一种协议的报头和有效载荷，就像一个分层结构。一个协议处理自己的报头，并将有效载荷传递给上层网络的协议。

2.3 各设备进行通信的阶层模型
——网络模型

分层网络的典型通信模型称为 OSI 参考模型。互联网是基于 OSI 参考模型所构建的，但其阶层结构与 OSI 参考模型不同。

☑ 2.3.1　包含 7 个协议的 OSI 参考模型

OSI（开放系统互连）参考模型是由 ISO 开发的一种分层网络模型，共有 7 层。OSI 参考模型基于当时的网络技术于 1977 年制定，因此现在很少有网络或设备按原样实施 OSI 参考模型。不过，OSI 参考模型的理念是创建一个分层的协议结构，使应用程序等不再需要处理所连接的计算机或电缆的差异，从而更容易地开发设备和软件。此外，由于网络组件按层次（层）分开，因此可以使用协议栈的概念设计和开发系统。正是因为有了网络层次结构和协议栈，互联网才能在计算机和智能手机上同样畅通无阻。如今，它仍被用作分层之一，如图 2.4 以及表 2.2 所示。

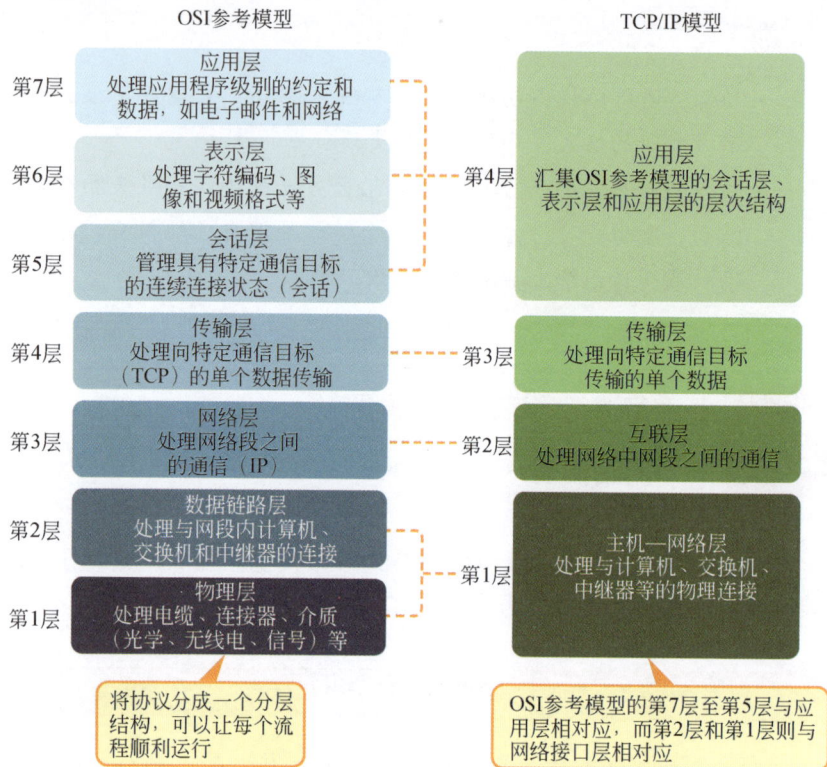

图 2.4　OSI 参考模型和 TCP/IP 模型的层次构造

表 2.2　OSI 参照模型的各层的主要协议和标准

层级	名称	主要协议与标准
第 7 层	应用层	SMTP、POP、HTTP、DNS、FTP 等
第 6 层	表示层	SMTP、TELNET、FTP 等
第 5 层	会话层	TLS 等
第 4 层	传输层	TCP、UDP 等
第 3 层	网络层	IP、ARP、RARP、ICMP 等
第 2 层	数据链路层	PPP（拨号连接）、IEEE802.3（以太网）、IEEE802.11（无线局域网）等
第 1 层	物理层	RS-232C、EIA-422（双绞线）、EIA 类别（局域网电缆）、光纤等

☑ 2.3.2　由 4 层组成的 TCP/IP 模型

有一种基于互联网的网络通信模型，称为 TCP/IP 模型，与 OSI 参考模型的 7 层相比，它分为 4 层。其中，会话层（Session Layer）与应用层（Application Layer）相对应，而会话层以上的所有层都与应用层相对应。需要注意的是，各层的分类和作用并不完全相同。

> **提　示**
>
> - 七层：在 OSI 参考模型中，数字越大，层次越高，数据依次从发送端第 7 层传输到第 1 层，再从第 1 层传输到接收端第 7 层。
> - 互联网：互联网采用一种名为 TCP/IP 模型的 4 层模型，该模型基于 OSI 参考模型的理念创建。

2.4　互联网通信协议
——TCP/IP

TCP/IP 是互联网通信的基本协议。许多应用层协议都使用 TCP/IP，了解 TCP/IP 对了解互联网非常重要。

☑ 2.4.1　含有发送方和接收方的 IP

TCP/IP 使用 IP 地址作为通信数据包的标识符，并分为 3 个协议，即 IP、UDP 和 TCP。IP 指的是 IP 地址（源信息和目的地信息），并定义了将数据体（有效载荷）传送到正确目的地的基本程序和条款。有效载荷包含来自 UDP、TCP 和其他更高层协议的数据。IP 本身可以想象成一个包含源信息和目的地信息的空信封。

☑ 2.4.2　UDP 和 TCP

UDP 和 TCP 在其报头中添加了一个端口号作为标识符，指定 IP 地址所代表的用户或应用程序类型等，它不进行任何确认、检查传输错误或重传处理。TCP 在报头中指定一个端口号，还确定了错误检查和重传处理等程序，并具有会话通信功能。报头包含用于错误检查和会话通信的必要信息（序列号、响应确认号、会话标志等），如图 2.5 和图 2.6 所示。

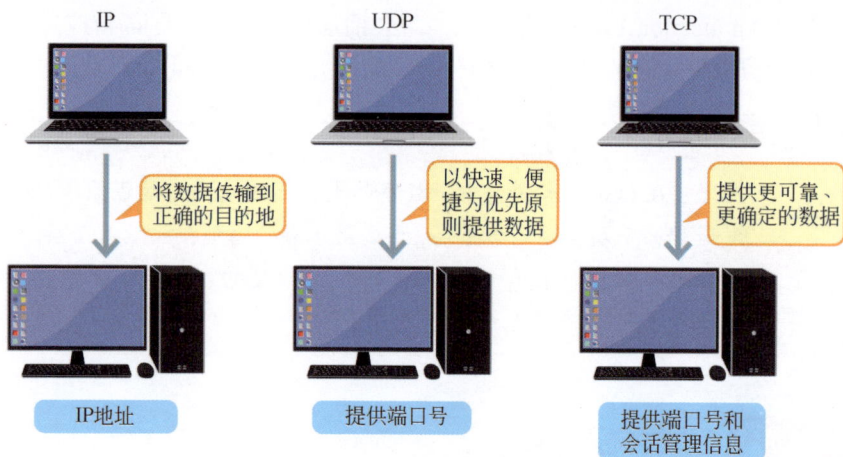

图 2.5　IP、UDP 和 TCP 的区别

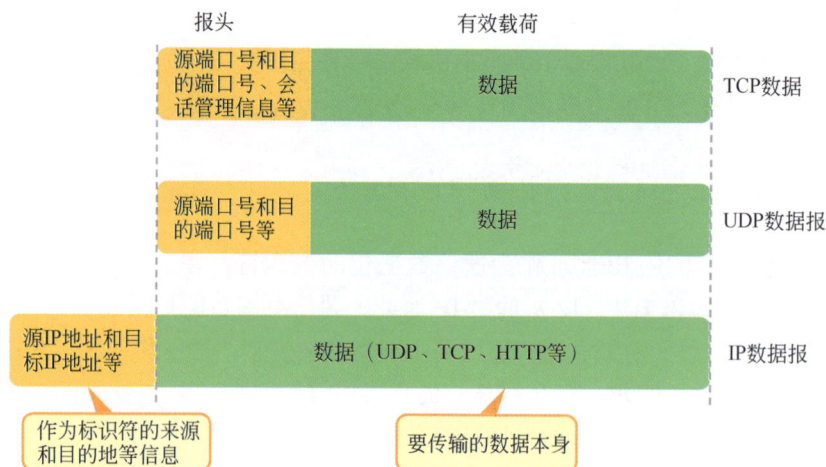

图 2.6　TCP/IP 示意图

> **提　示**
>
> - 标识符：用于识别目标的代码。例如，识别数据包目的地的目标 IP 地址。
> - 会话：检查与目的地的连接，确保并维护通信路径。
> - 序列号：大数据被分成多个数据包时的数据包编号。
> - 回复确认号：用于检查序列号是否正确的数字，包含应排在你的序列号之后的序列号。
> - 会话标识：指示 TCP 会话状态的各种标志。
> - 协议的用途：当速度和便利性优先于可靠性时，就会使用 UDP；当需要可靠的通信时，就会使用 TCP；甚至在更高级别的应用中，IP 和 UDP 也可以通过错误检查和重传处理来进行补充。

2.5　识别源网络或目的地网络的标识符
——IP 地址

　　IP 地址是作为地址使用的数据，用于识别来源或目的地。IP 地址有两种类型，即互联网使用的全局 IP 地址和局域网使用的专用 IP 地址。

☑ 2.5.1　IP 地址的构造

　　IP 地址有两个版本，分别称为 IPv4 和 IPv6，这里仅对 IPv4 进行说明。IP 地址是在 TCP/IP 中用作标识符的数据，用于识别源地址和目的地址。IP 地址是 32 位数据，但这 32 位数据被分成 4 段，每段 8 位，每 8 位的十进制符号之间用句点隔开。在网络中，8 位（=1 字节）的单位称为 8 位位组。

　　32 位可以表示约 43 亿个地址，这意味着可以使用约 43 亿个地址。同时，这也意味着约有 43 亿台设备可以连接到互联网。然而，并非所有 43 亿个地址都可以实际使用。

☑ 2.5.2 全局 IP 地址和专用 IP 地址

可用作互联网地址的 IP 地址的地址空间称为全局 IP 地址。在互联网上，应该只有一台设备使用该地址，因此如果指定了该地址，就可以在全球范围内使用它进行通信。另外，还有一些 IP 地址不能用于互联网，这些 IP 地址不直接与互联网连接，而是在局域网等地址空间中使用，称为专用 IP 地址。专用 IP 地址不用于互联网，因此在其他办公室或局域网中使用相同的 IP 地址没有问题，只要对地址进行管理，使其在每个局域网中不重叠即可，如图 2.7 与图 2.8 所示。

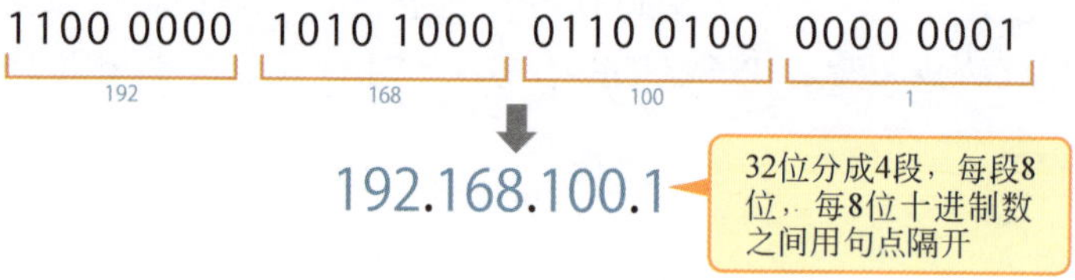

1100 0000
1010 1000
0110 0100
0000 0001
192
168
100
1
192.168.100.1
32位分成4段，每段8位，每8位十进制数之间用句点隔开

图 2.7　IPv4 的 IP 地址结构示意图

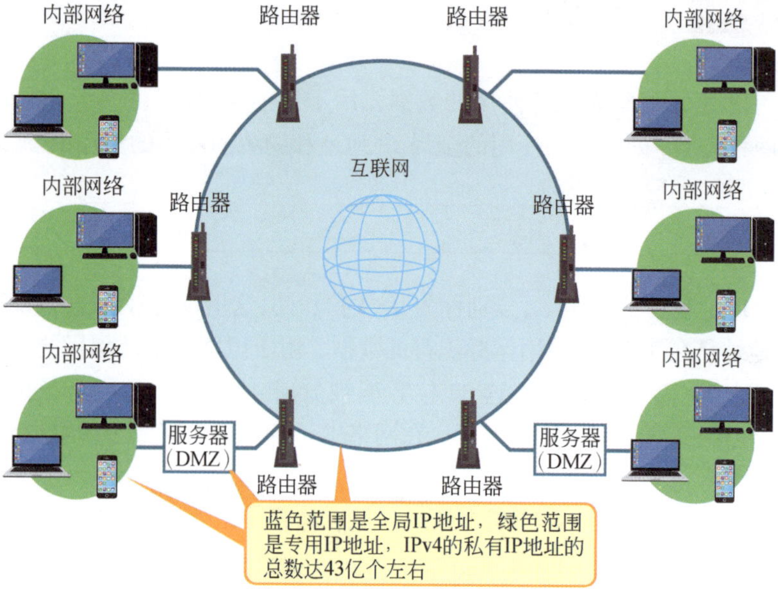

内部网络
路由器
路由器
内部网络
内部网络
路由器
互联网
路由器
内部网络
内部网络
内部网络
服务器（DMZ）
路由器
路由器
服务器（DMZ）
蓝色范围是全局IP地址，绿色范围是专用IP地址，IPv4的私有IP地址的总数达43亿个左右

图 2.8　全局 IP 地址和专用 IP 地址的使用范围

> **提　示**
>
> - IPv4 和 IPv6：只能代表约 43 亿个地址的 IPv4 地址已经耗尽，因此必须制定新的 IP 地址系统，即 IPv6。
> - 8 位位组：网络术语中的 8 位单位。在计算机术语中，"字节"是由 IBM 公司引入使用的，已经非常成熟。
> - 地址空间：地址内部以二进制数表示，其位数决定了可表示的地址数。可以用地址内部位数表示的地址范围称为地址空间。此外，按惯例保留的特殊地址空间不能在互联网上使用。
> - 通过 IP 地址识别个人：在互联网上识别个人身份的一种方法是使用他们的 IP 地址。不过这并不容易，而且不一定总能识别。互联网上的 IP 地址只能指示路由器、服务器和一些连接到网络的计算机。要根据 IP 地址信息识别数据包的来源，还需要其他信息。具体来说，路由器和服务器日志信息可用来确定数据包的来源。此外，日志信息还可以确定使用了哪台计算机（局域网末端的专用 IP 地址）和哪个登录账户，甚至可以进一步调查该人是否真的在操作该系统。

2.6 不同长度的两个 IP 地址
——IPv4 和 IPv6

IPv4 和 IPv6 中的"v4"和"v6"表示协议的版本（版本 4 和版本 6）。v4 和 v6 之间协议不兼容，当前互联网混合使用两种协议。

☑ 2.6.1　IPv4 和 IPv6 的区别

IPv4 和 IPv6 的主要区别在于 IP 地址的长度。IPv4 使用 4 个 8 位位组（32 位）表示一个 IP 地址，而 IPv6 使用 16 个 8 位位组（128 位）表示一个 IP 地址。IPv4 只能定义约 43 亿个地址，会造成地址耗尽的问题。

IPv6 具有 2 的 128 次方（约 3.4×10^{38}）的庞大地址空间，IP 地址

几乎不会枯竭。IPv4 和 IPv6 之间不兼容，因此要使用 IPv6 连接互联网，需要使用兼容 IPv6 的应用程序和服务。目前，Windows、macOS 和 Linux 都支持 IPv6，Google 和 Facebook 等网络服务、Google Chrome 和 Microsoft Edge 等网络浏览器以及 DNS 也都支持 IPv6，所以用户是不需要特别注意是 IPv4 还是 IPv6 的。

☑ 2.6.2　具有加密通信等特征的 IPv6

除地址长度外，IPv6 还具有以下特点：一是在协议层定义了加密通信；二是 IPv6 地址可以使用 MAC 地址自动生成，实现了包括第 2 层在内的设置自动化；三是报头比 IPv4 更简单，处理起来更容易；四是分层结构严格，可以实现高效路由。IPv4 和 IPv6 数据包在互联网上混合使用，但 IPv4 未被禁止，因此世界各地的服务器和网络服务目前都基于 IPv4 运行。IPv4 和 IPv6 的基本特性如表 2.3 所示。IPv4 和 IPv6 帧格式的区别如图 2.9 所示。

表 2.3　IPv4 和 IPv6 的基本特性

版本	地址长度	地址数量	特　性
IPv4	32 位	约 43 亿个	• 互联网基本地址 • 已经进行新发行 • 数据包加密在应用程序端完成
IPv6	128 位	约 340 亿个	• 可无限使用的地址空间 • 简易数据包 • 在协议层面对数据包进行加密

提　示

- IP 地址：由名为 IANA 的组织管理的标识符，IANA 将世界分为 5 个区域（欧洲、北美洲、南美洲、亚太地区、非洲），在各区域分配地址块，支持所有 IPv4 地址。
- DNS：Domain Name System 的缩写，是将互联网上使用的域名和 URL 转换为 IP 地址的系统。
- 基于 IPv4 的运行：除非另有说明，本书均使用 IPv4 进行说明。

IPv4

0 1 2 3 4 5 6 7 8 9 10 11 12 13 14 15 16 17 18 19 20 21 22 23 24 25 26 27 28 29 30 31 32

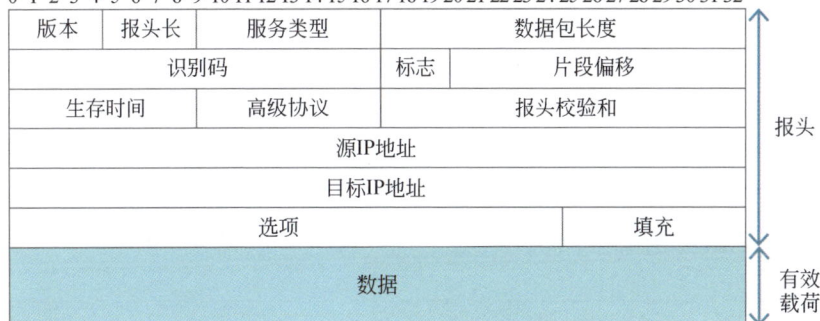

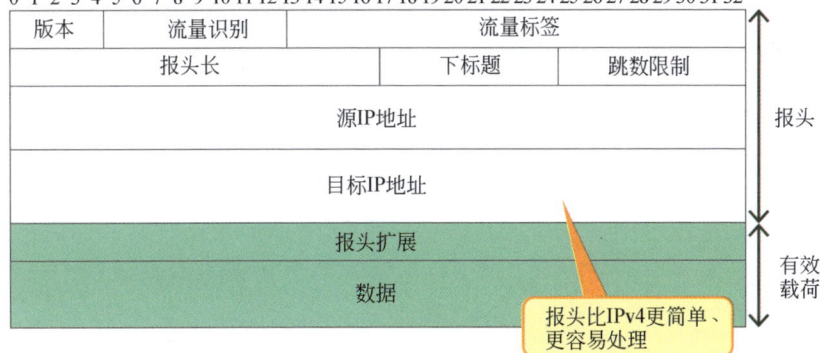

版本	报头长	服务类型	数据包长度	
识别码			标志	片段偏移
生存时间		高级协议	报头校验和	
源IP地址				
目标IP地址				
选项			填充	
数据				

报头

有效载荷

IPv6

0 1 2 3 4 5 6 7 8 9 10 11 12 13 14 15 16 17 18 19 20 21 22 23 24 25 26 27 28 29 30 31 32

版本	流量识别	流量标签	
报头长		下标题	跳数限制
源IP地址			
目标IP地址			
报头扩展			
数据			

报头

有效载荷

报头比IPv4更简单、更容易处理

图 2.9　IPv4 和 IPv6 帧格式的区别

2.7 设备或终端固有标识符

——MAC 地址

MAC 地址是连接到网络的设备和终端的唯一标识符。MAC 地址由 IEEE 管理，它是全球设备制造商分配的唯一代码。

☑ 2.7.1　MAC 地址的构成

MAC 地址是分配给每个连接到网络的设备的标识符，包括计算机网卡、智能手机、路由器、交换机和物联网设备。

MAC 地址是一个 48 位长的标识符，其编号由 IEEE 和每个设备制造商负责维护。这 48 位中，上 24 位作为供应商代码（OUI 标识符）分配给设备制造商。一个制造商可以有多个供应商代码。下 24 位（节点编号）则由每个制造商负责为每个产品分配一个。全球网络设备的发货量不计其数，48 位可代表约 280 万亿个地址。仅供应商代码就有 140 万亿个，这意味着一个供应商代码可以代表 140 万亿个序列号。

☑ 2.7.2　MAC 地址和 IP 地址的区别

MAC 地址和 IP 地址的相同之处在于它们都是协议中使用的标识符，但两者在使用层次上有所不同。MAC 地址在以太网帧中用作设备或终端的标识符。由于以太网是第 2 层（数据链路层），因此 MAC 地址是 OSI 参考模型中第 2 层（及以下）的标识符。IP 地址在 TCP/IP 中用作发送源设备和目标设备以及网络的标识符。由于 TCP/IP 和互联网是 OSI 参考模型中的第 3 层及以上，因此 IP 地址用作网络的标识符。IP 地址是第 3 层（及以上）标识符，因为 TCP/IP 和互联网是 OSI 参考模型的第 3 层（及以上），如图 2.10 所示。

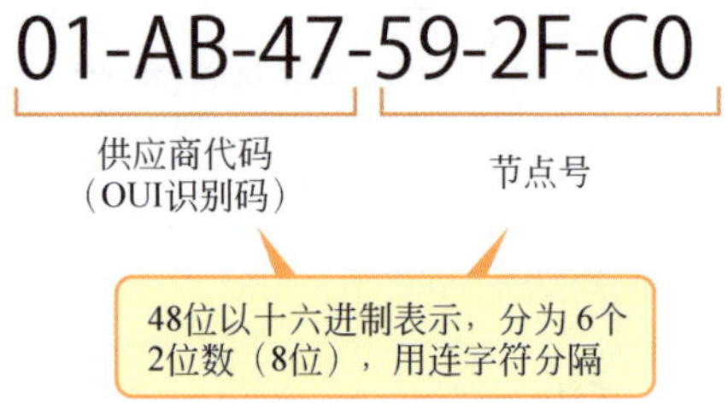

01-AB-47-59-2F-C0

供应商代码（OUI识别码）　　节点号

48位以十六进制表示，分为6个2位数（8位），用连字符分隔

图 2.10　MAC 地址的构造

MAC 地址和 IP 地址的区别如表 2.4 所示。

表 2.4　MAC 地址与 IP 地址的区别

	MAC 地址	IP 地址
协议	以太网	TCP/IP
层级	第 2 层以下	第 3 层以上

续表

	MAC 地址	IP 地址
识别对象	终端	网络主机
信号大小	48 位	IPv4:32 位 IPv6:128 位
识别码的数量	约 280 万亿个	约 43 亿个（IPv4）
管理团体	IEEE	IANA

提　示

- 网卡：在局域网协议（如以太网）与计算机和服务器内的公共总线信号（供 CPU、内存和设备相互交换数据的一组信号线的标准）之间执行协议转换和信号转换的硬件。
- 供应商代码：MAC 地址的前 3 字节部分。IEEE 为每个企业分配唯一的符号。大公司可能有多个供应商代码。
- MAC 地址体系：MAC 地址的前 3 字节称为供应商代码，是识别网络设备制造商的代码。不过，大公司可能有不止一个供应商代码。供应商代码是根据公司规模和生产规模分配的，例如，IBM 和戴尔等巨型供应商已经吞并了许多公司。与 IP 地址一样，MAC 地址按惯例也有固定的功能和含义。向连接到同一交换机的所有设备进行广播通信的广播地址就是一个例子。MAC 地址分配给交换机、路由器和智能手机等单个设备。地址数据通常写入这些设备的 ROM（不可擦写存储器）中，无法更改。不过，现代个人计算机和智能手机可以配置为使用随机 MAC 地址，以防止在网络连接过程中识别设备。

2.8 通信时检查 MAC 地址的协议
——ARP

ARP（Address Resolution Protocol）是用于从 IP 地址中查找该设备的 MAC 地址的协议，它发送有关 IP 地址的信息，并查询 IP 地址，以

図解计算机网络——Internet、移动通信与云计算

与特定目标通信。

☑ 2.8.1 通过 ARP 查找设备的 MAC 地址

在典型的局域网中，网络由集线器和路由器捆绑在一起。在这种网络中，与每个设备的连接都使用以太网，但连接设备上运行的应用程序主要使用 TCP/IP（第 3 层及以上）。设备之间的通信需要 MAC 地址，但由于 MAC 地址属于第 2 层（及以下），所以应用程序知道 IP 地址但是不知道 MAC 地址。因此，如果要在局域网内交换数据包，就需要找出 IP 地址所属的 MAC 地址，然后组装一个以太网帧。在这种情形下，就需要使用 ARP。IP 地址信息被传递到网络，而 MAC 地址则由知道该地址的设备（主机）提供。

☑ 2.8.2 ARP 工作原理

ARP 首先向局域网发送想知道的 MAC 地址的 IP 地址信息，而不指定目的地。向局域网内的所有设备发送信息而不指定目的地的行为称为广播，如图 2.11 所示。广播数据包会被所有设备接收，因此如果设备接收到自己 IP 地址的数据包，就会回复自己的 MAC 地址，这就是 ARP 的基本操作。实际上，每次通信都进行 ARP 查询将会导致效率不

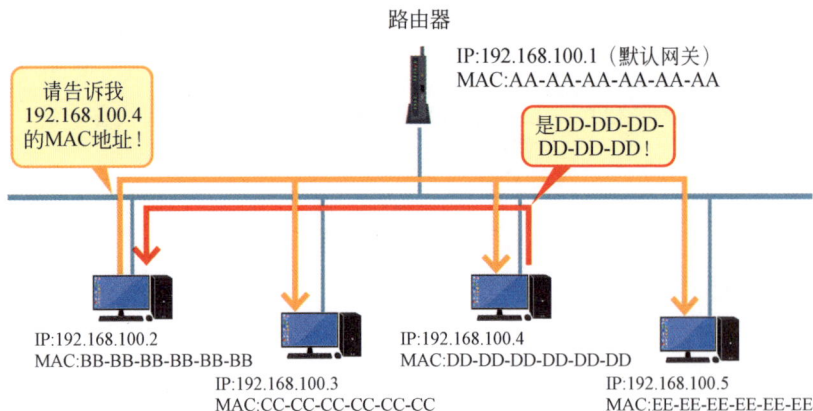

图 2.11　ARP 的基本操作（广播）

高，因此集线器和路由器通常会有一个局域网内所有设备的 IP 地址和 MAC 地址的对应表（地址表）。在这种情况下，每台设备都可以查询集线器或路由器，找出局域网中所有设备的 MAC 地址，如图 2.12 所示。

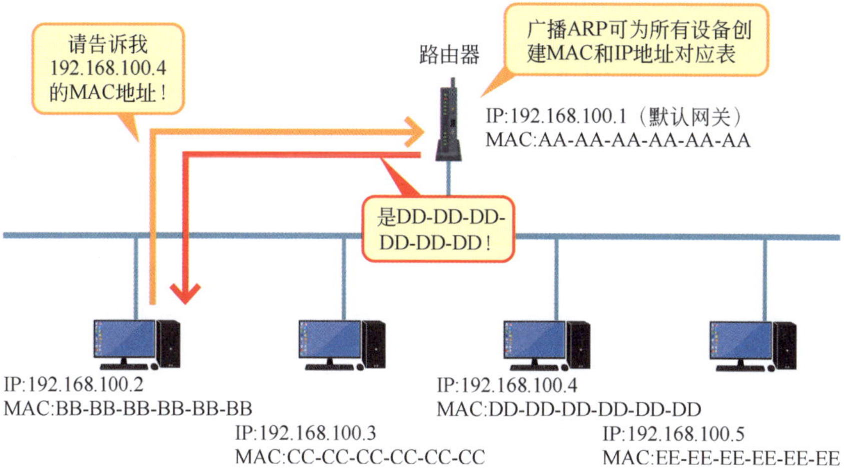

图 2.12　ARP 集线器和路由器的联系

> **提　示**
>
> - 应用程序：用于网络的软件，包括文件共享、信息交换、邮件、网络浏览器、在线会议和远程桌面。
> - 数据包：在 IP 中，将报头和有效载荷组合起来的数据传输的单位。
> - 默认网关：局域网中的设备在查询路由器地址表时，必须首先知道路由器的 MAC 地址。那么它们如何知道要指定的路由器 IP 地址呢？默认网关机制解决了这个问题。在典型的局域网中，路由器或其他网络捆绑设备的 IP 地址由默认网关设置。默认网关是 TCP/IP 中的联络点，负责接收各设备未知的所有信息和外部通信。无论如何，每个设备都会向默认网关发送管理和查询数据包，这就是为什么计算机和其他网络设置需要自己的 IP 地址（可自动分配）和默认网关的原因。

2.9 识别应用程序或客户端类型的标识符
——端口号

端口号是 TCP/UDP 中使用的标识符，用于指定局域网中无法仅通过 IP 地址识别的设备或终端、上层协议使用的应用程序类型以及应用程序的客户端。

☑ 2.9.1 端口号的作用

端口号是 TCP/UDP 添加的标识符，它是 TCP/UDP 报头信息的前 16 位（2 个八进制数）。由于是 16 位，所以可以表示 0~65535 的数字。端口号包括一个目的端口号和一个源端口号。IP 地址可以指定目的服务器，但不能指定使用该服务器上的某个应用程序。目的端口号指定数据包要发送给哪个应用程序。例如，服务器使用目的端口号来确定收到的数据包是电子邮件还是对网络服务器的请求。源端口号指定一个可识别发送用户或终端的号码。源端口号可以通过数据包的源 IP 地址确定，但发送方还必须确定发送电子邮件的账户或访问网站的终端。

☑ 2.9.2 主要应用程序编号

原则上，只要收发双方同意，端口号可以是 0~65535 之间的任何数字。不过，互联网上的习惯做法是为主要应用分配 0~1023 的端口号。0~1023 之间的端口号称为公认端口号，1024~49151 之间的端口号称为注册端口号，由现有应用程序辅助使用。49152~65535 之间的端口号称为动态 / 专用端口号，由个人和公司用于自己的应用程序和服务。个人和公司可以自由将其用于自己的应用程序和服务，如图 2.13 所示。

主要的公认端口号以及使用的协议和服务如表 2.5 所示。

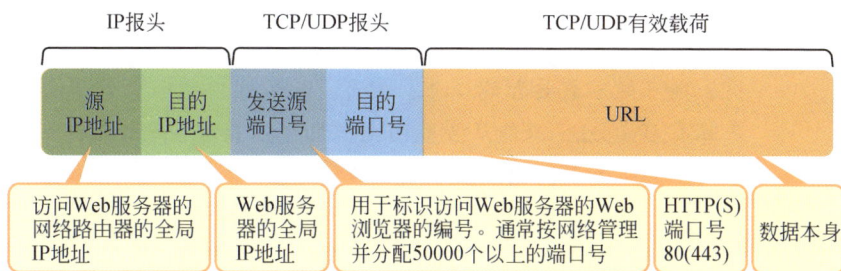

IP报头		TCP/UDP报头		TCP/UDP有效载荷
源 IP地址	目的 IP地址	发送源 端口号	目的 端口号	URL

访问Web服务器的网络路由器的全局IP地址　　Web服务器的全局IP地址　　用于标识访问Web服务器的Web浏览器的编号。通常按网络管理并分配50000个以上的端口号　　HTTP(S)端口号80(443)　　数据本身

图 2.13　使用端口号访问网络服务器示意图

表 2.5　主要的公认端口号以及使用的协议和服务

端口号	协议和服务	概　要
TCP/20	FTP（数据）	在客户端和服务器之间收发文件
TCP/21	FTP（控制）	通过 FTP 发送和接收文件、登录服务器过程等
TCP/22	SSH	受加密通信保护的远程登录
TCP/23	TELNET	远程登录（不推荐）
TCP/25	SMTP	向邮件服务器发送邮件
UDP/53	DNS	向 DNS 服务器查询 IP 地址
UDP/67	DHCP（服务器）	管理 IP 地址自动分配的服务器
UDP/68	DHCP（客户端）	由 DHCP 自动分配 IP 地址的设备（网络主机）
TCP/80	HTTP	在 Web 浏览器和 Web 服务器之间进行通信
TCP/110	POP3	在邮件服务器上确认并下载给自己的邮件
UDP/123	NTP	将计算机内部的时钟与标准时间同步
TCP/143	IMAP	向邮件服务器确认给自己的邮件（邮件保存在服务器端）
TCP/443	HTTPS	通过加密通信进行会话保护的 HTTP 通信

提　示

- TCP/UDP：通信可靠性更高，如建立会话、检查数据包是否到达正确的目的地等。
- 公认端口：配置给核心互联网服务（如电子邮件、HTTP 和 DNS）的特定端口号。
- 注册端口号：分配给主要供应商产品或应用程序的端口号，而不是公认的端口。

- 端口号的重要性：如果全局 IP 地址分配到局域网末端的计算机，则可能不需要源端口号。但是，局域网中的实际 IP 地址是私有 IP 地址，只能从互联网上识别组织局域网的设备，如路由器和服务器，因此需要端口号。

2.10 固定电话中的一对一连接通信方式
——线路交换方式

电路交换是传统电话系统的一种典型通信方式，它可以与通信伙伴建立一对一的连接。现在的固定电话原则上仍然使用这种方法。

☑ 2.10.1　固定电话的工作原理

电话的工作原理是通过麦克风将声音转换成模拟信号，然后将信号放在电线上，通过线路另一端的扬声器发射出去。只要双方都有一个麦克风、一个扬声器和两根用于传输和接收的电线，就可以拨打电话。不过，在这种情况下，电线必须连接到所有通话方。因此，接线员要在途中接通被叫号码和指定号码的线路，从而建立连接。一旦接线到总机，就可以向连接到该总机的任何一方拨打电话。如果总机与另一个本地总机有额外的连接，就可以连接到该区域。更高级别的交换台可以处理与区域内每个交换台的连接，从而使电话覆盖整个国家甚至海外。 这就是电话号码具有本地区号、地区号、国家号等分级结构的原因。目前，由机器或计算机识别电话号码信号（脉冲或音调）并处理连接，而微波、数字线路和光纤等无线电技术则用于中间线路，但基本原理是相同的。

☑ 2.10.2　线路交换方式特征

固定电话通信系统称为电路交换系统，其特点是建立一对一的连接，一旦连接建立，线路就专供双方使用，这意味着可以"通话"。交换系统较为复杂,线路服务和维护费用较高。当通信量(包括语音和数据通信)巨大时，一条线路专用于单一通信的效率不高。现在，从本地电话局开始的大部分通信都是数字通信，信号是多路复用的，如图 2.14 和图 2.15所示。

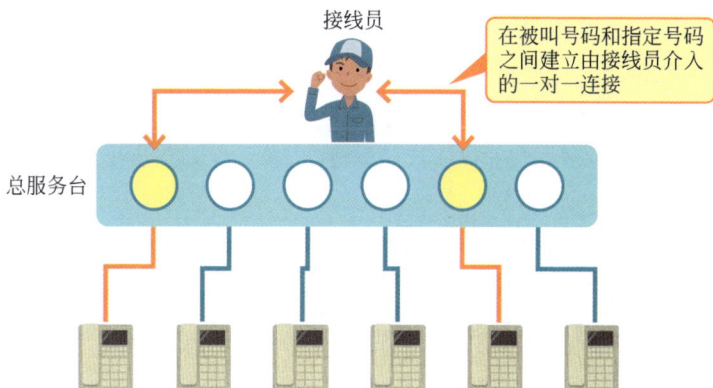

接线员

在被叫号码和指定号码之间建立由接线员介入的一对一连接

总服务台

图 2.14　线路交换方式示意图

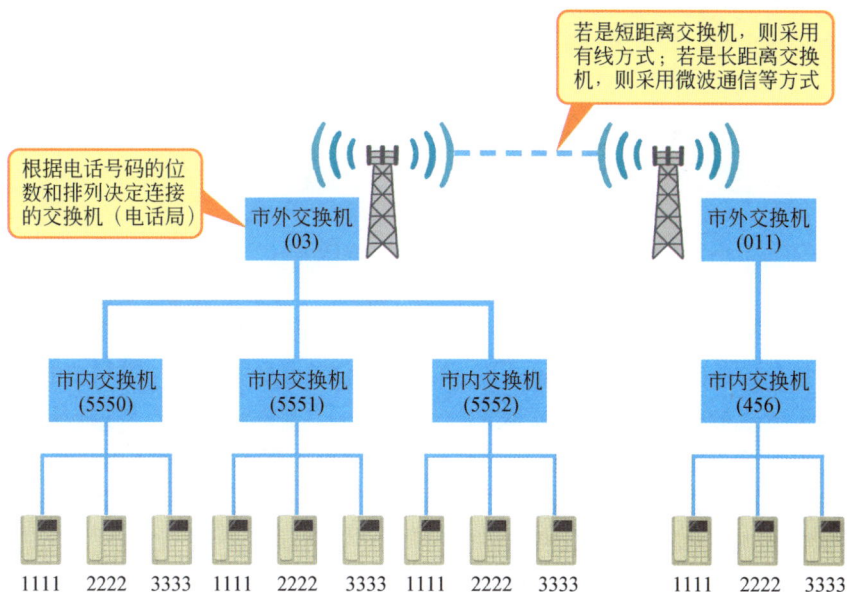

若是短距离交换机，则采用有线方式；若是长距离交换机，则采用微波通信等方式

根据电话号码的位数和排列决定连接的交换机（电话局）

市外交换机
(03)

市外交换机
(011)

市内交换机
(5550)

市内交换机
(5551)

市内交换机
(5552)

市内交换机
(456)

1111　2222　3333　　1111　2222　3333　　1111　2222　3333　　　　1111　2222　3333

图 2.15　交换机原理示意图

> **提 示**
>
> - 接线员：早期的电话系统由接线员（人工）询问要接通电话的人的号码和信息，然后手动接通线路。
> - 总服务台：所有电话都连接到最近的电话局（总机）。在那里，号码决定电话是连接到同一总机的电话，还是连接到另一个电话局。
> - 脉冲和音调：为了实现总机工作的自动化，电话可以发出与电话号码的数字相对应的信号。脉冲系统会产生与电话号码相对应的脉冲数。有些系统用声音频率（音调）表示。
> - 交换机：一种类似于大量的电子电路和开关的设备，用于对来自电话的信号进行电子处理，并为正确的连接打开线路。现在已数字化，由计算机处理。

2.11 数据分开传输的通信方式
——数据包交换方式

数据包交换是许多网络（包括互联网和以太网）使用的一种通信方式，可以将数据分割成被称为数据包的单位进行通信。

☑ 2.11.1 数据包交换方式的原理和优点

数据包是数据交换的单位。发送和接收的必要数据并不是原始大小，而是分成一定大小的数据包。这种数据单位就是数据包，以这种方式将数据分成数据包并发送/接收的通信方式称为数据包交换，数据包的大小由协议决定。这种通信方式的优点是无须每次都将对方连接到线路上。在电路交换方式中，要与对方共享一条线路，而在分组交换方式中，只要有线路连接，就可以按照自己的时间发送数据。此外，电路交换系统需要一个与对方建立连接的程序，而分组交换系统则不需要这样的程序。分组交换系统不占用线路，其优点是可以同时发送大量数据，并能高效地向多方传输数据。此外，不同类型的数据包（协议）可以混合使用，即使部分连接出现故障，也可以通过不同的路由进行传输和接收。

☑ 2.11.2　数据包交换方式所需信息

数据包交换系统可以高效地交换大量数据，但由于同一线路上会有无数的数据包流动，因此每个数据包都需要管理信息，至少需要来源和目的地信息。当数据被分割时，接收器也需要信息来重建它们。这些信息汇总在报头中，与通信数据主体（有效载荷）分开提供，如图 2.16 和图 2.17 所示。

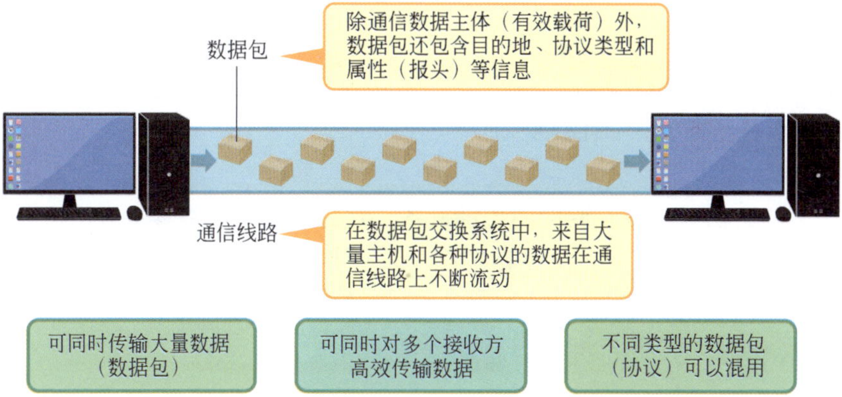
数据包
除通信数据主体（有效载荷）外，数据包还包含目的地、协议类型和属性（报头）等信息
通信线路
在数据包交换系统中，来自大量主机和各种协议的数据在通信线路上不断流动
可同时传输大量数据（数据包）
可同时对多个接收方高效传输数据
不同类型的数据包（协议）可以混用

图 2.16　数据包交换方式通信示意图

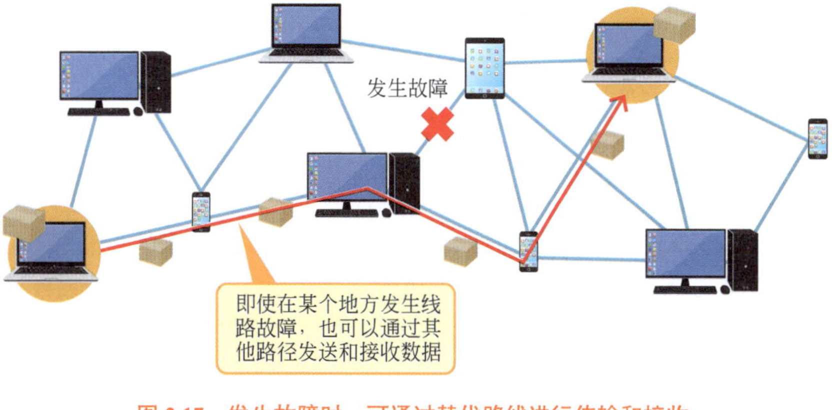
发生故障
即使在某个地方发生线路故障，也可以通过其他路径发送和接收数据

图 2.17　发生故障时，可通过替代路线进行传输和接收

> 提 示
>
> - 大小：IP 的数据包大小为 1500 字节，包括报头和有效载荷。
> - 管理信息：报头中的 ID 和显示拆分数据包对应原始数据的某部分的信息。
> - 数据包交换方式的缺点：数据包交换方式具有可复用、灵活性强的优点，但也存在以下缺点：线路拥堵，访问集中；数据包并不总是按照发送顺序送达；数据包可能因故障而丢失；需要处理标题和其他给定信息，并确定其大小；无法实时传输（始终低延迟）。

2.12 连接局域网和处理数据包的设备 ——路由器

路由器是当今互联网的关键设备，它的基本功能是参考 IP 地址处理数据包，并确定目的地是否来自内部局域网。

☑ 2.12.1 连接局域网的路由器功能

路由器的基本功能是将局域网与局域网连接，并根据目的地处理数据包。换句话说，路由器将由多个设备组成的网络段捆绑成一个局域网，处理局域网内的数据包，并连接外部局域网，相互转发数据包。这种数据包处理方式称为路由。

在路由过程中，会对数据包的报头进行检查，如果数据包的目的地是它所管理的局域网，它就会接收数据包并将其发送到目的地设备，否则就会发送到另一个路由器。如果收到的数据包来自自己的局域网，处理方式也是一样。在这两种情况下，"另一个路由器"都是直接相连的路由器（邻居或相邻路由器）。为了执行这些功能，路由器有两个连接（端口），一个连接到它管理的内部局域网，另一个连接到外部局域网，如图 2.18 所示。

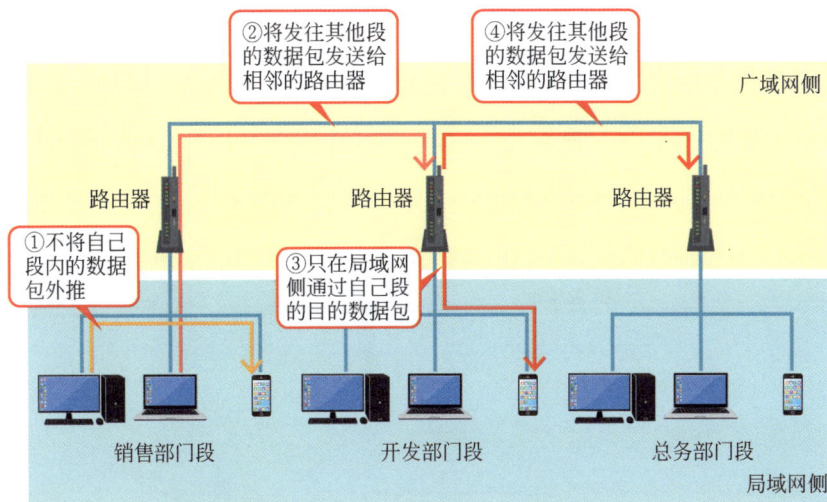

②将发往其他段的数据包发送给相邻的路由器

④将发往其他段的数据包发送给相邻的路由器

广域网侧

路由器　　　路由器　　　路由器

①不将自己段内的数据包外推

③只在局域网侧通过自己段的目的数据包

销售部门段　　　开发部门段　　　总务部门段

局域网侧

图 2.18　路由器的基本功能示意图

2.12.2　路由器与互联网的关系

路由器是将局域网与局域网连接起来以形成大型局域网或互联网的设备。当局域网变成大型局域网时，它们通过以太网与邻近的路由器相连。使用专用线路或 ISP 线路可以远距离连接路由器。互联网就是基于这一原理而广泛连接的局域网。协议以 TCP/IP 为基础，在路由器的广域网侧使用全局 IP 地址。安装在内部局域网和外部互联网边界的路由器称为边缘路由器，如图 2.19 所示。

提　示

- 邻居：与特定路由器直接相连的路由器，邻居也称为相邻路由器。
- 2 个连接端口：路由器的内部 LAN 连接端口称为"LAN 端"，外部 LAN（互联网）连接端口称为"WAN 端"。
- 专用线：与互联网和公共线路等不同，是与特定的通信方直接连接的线路。只有连接的通信方才能专有专用线。

ISP：Internet Service Provider 的缩写，指提供上网服务的经营者。

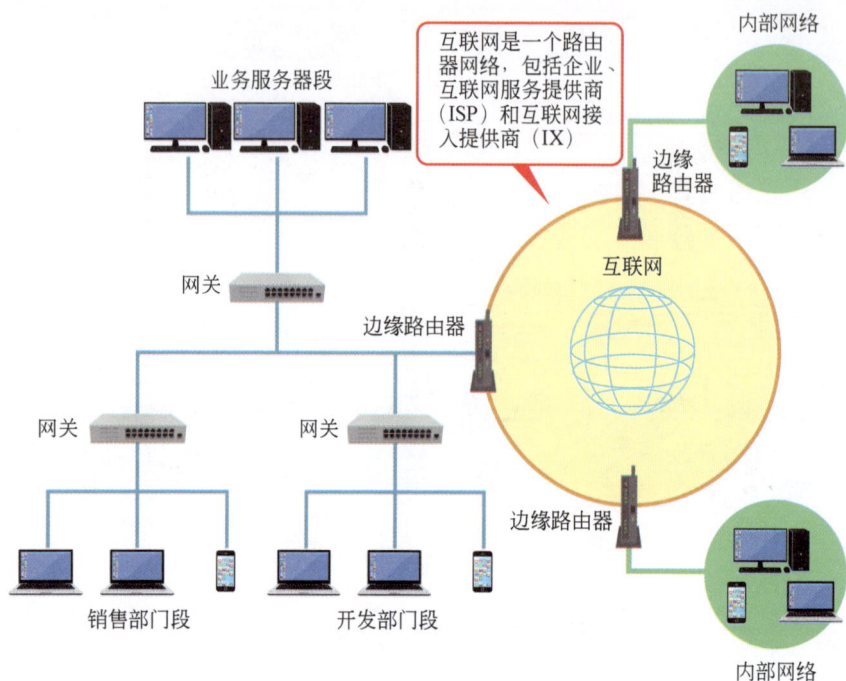

图 2.19　路由器与互联网的关系示意图

2.13 无线局域网信号汇集设备 ——接入点

接入点是无线局域网中与集线器（集中器）相对应的设备。为了建立无线局域网，它将多个设备的无线连接汇集在一起，并将它们连接到网络。

☑ 2.13.1 与各设备建立无线连接的接入点

接入点用于与符合 IEEE 802.11 系列无线局域网标准（通常称为Wi-Fi）的设备建立无线连接。现在，Wi-Fi 可以连接到大多数计算机和智能手机以及物联网设备，Wi-Fi 连接也是最基本的。由于无须布线且传输速度更快，Wi-Fi 也常用于企业局域网。类似的设备包括宽带路由器和 Wi-Fi 路由器。市场上的大多数宽带路由器都具有 Wi-Fi 连接功能，但宽带路由器是路由器和接入点的集成设备，路由器是第 3 层设备。相比之下，接入点和 Wi-Fi 设备（IEEE 802.11 系列）是第 2 层设备。

☑2.13.2　基础设施模式和特设模式

在无线局域网中，接入点的作用相当于有线局域网中的 L2 交换机。连接到无线局域网的设备通过嵌入式 Wi-Fi 模块连接到接入点，该模块控制着网段内的通信。这种通过接入点进行连接的方式称为"基础设施模式"。相反，设备之间也可以直接使用无线链路功能进行通信，而无须接入点，这种连接方式称为"特设模式"。例如，特设模式可以用于直接连接个人计算机和打印机，如图 2.20 和图 2.21 所示。

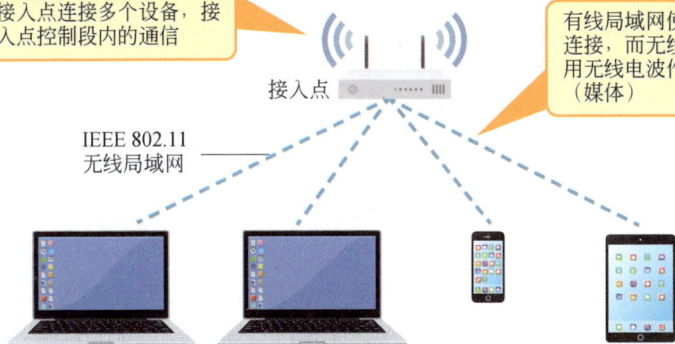

在基础设施模式下，通过接入点连接多个设备，接入点控制段内的通信

接入点

有线局域网使用电缆进行连接，而无线局域网则使用无线电波作为连接介质（媒体）

IEEE 802.11 无线局域网

图 2.20　基础架构模式连接实例

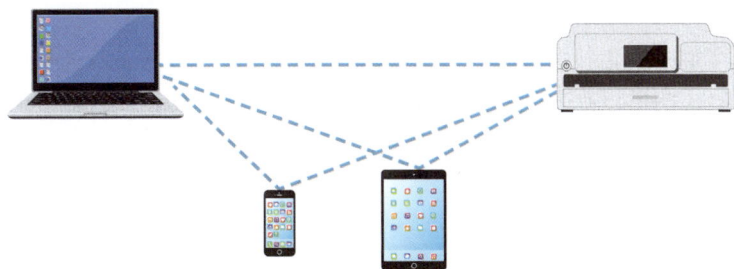

在特设模式下，设备之间使用无线链路功能直接通信，无须接入点

图 2.21　特设模式连接实例

> **提 示**
>
> - IoT：指除构成设备计算机或服务器等传统互联网终端以外，还能够通过 IP 进行分组通信的电子设备。
> - 第 2 层设备：接入点基本上是第 2 层设备，用于连接的标识符以 MAC 地址为基础。
> - 无线链路功能：接入点的硬件通常具有交换机和路由器的功能，但除了这些上层的功能以外，仅实现无线连接的功能。
> - 接入点与 Wi-Fi 路由器的区别：接入点基本上用于捆绑终端和设备，如笔记本计算机、移动设备和外部设备。因此，接入点本身无法连接互联网，需要单独的路由器。另一方面，Wi-Fi 路由器和宽带路由器是具有路由器功能的设备，可以将局域网相互连接并连接到互联网。它们还具有接入点的功能，可以独立连接互联网。

2.14 多条线路集成装置
——集线器（线路集中器）

集线器是用于汇集多条线路以确保设备连接的装置。在有多台计算机和打印机等的办公室里，一般通过集线器连接机器。

☑ 2.14.1 汇集各种设备线路的集线器

网络中的集线器是将各种设备的线路汇集在一起并正确连接网络的设备。我们可以把集线器想象成一个机场，它是来自世界各地航班的基地或者枢纽（轮轴，它将自行车车轮的辐条连接在一起）。在使用计算机和打印机等多种设备的办公室中，通常的做法是通过集线器连接网络上的所有设备，以便进行通信。

☑ 2.14.2 具有转发器和集线器功能

集线器的背面有多个局域网电缆连接端口（RJ-45）。集线器可以收集的电缆数量与端口数量相同，最常见的集线器有 4、8 和 16 个端口。随着连接设备的增多,可以通过将其中一个端口连接到另一个集线器(级联连接)来增加连接数量。以前,有些集线器只有收线功能,但现在已经很少见了。许多集线器需要电源,其可以在内部放大信号和模塑无线电波,还可以用作中继器（信号放大中继器）。此外,集成电子电路和 CPU 并使用软件解码以太网帧进行复杂连接切换的产品已成为主流。此类设备被归类为交换机,严格来说不能称为集线器,但如今"集线器"一词指的就是交换机产品。另外,为了与纯集线器相区别,它们也被称为交换集线器,如图 2.22 和图 2.23 所示。

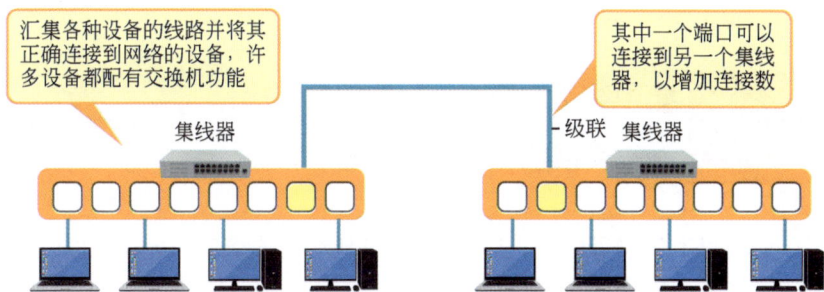

汇集各种设备的线路并将其正确连接到网络的设备,许多设备都配有交换机功能

集线器

其中一个端口可以连接到另一个集线器,以增加连接数

级联　集线器

图 2.22　集线器（线路集中器）连接实例

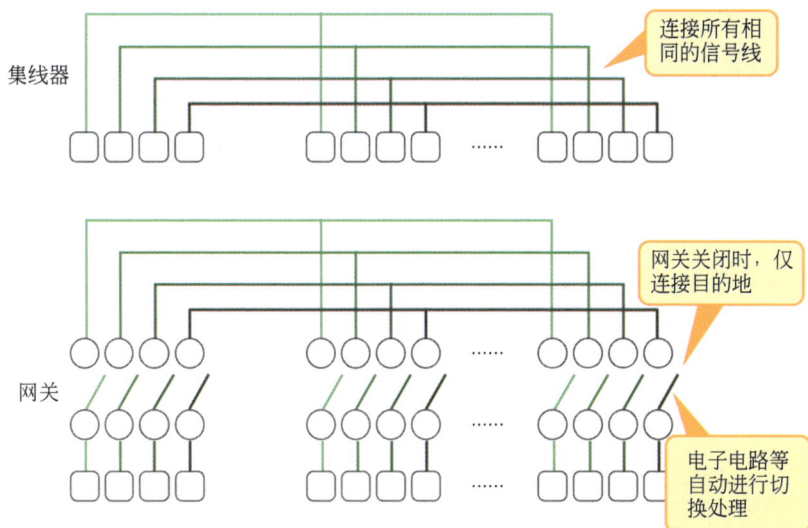

集线器

连接所有相同的信号线

网关关闭时,仅连接目的地

网关

电子电路等自动进行切换处理

图 2.23　集线器和交换机功能差异示意图

> ### 提 示
> - 集线器：有移动的"据点"的意思。
> - RJ-45：Registered Jack-45 的缩写，是用于连接线路和设备的连接器标准。该标准由美国联邦通信委员会（FCC）制定，根据触点和信号线的数量，有两极、四极和八极类型。
> - 级联连接：某些产品有用于级联的专用端口。
> - 电子电路和中央处理器：有些交换机（交换集线器）仅使用内部电子电路来切换连接点，而有些交换机（交换集线器）则使用 CPU 和内部程序来切换连接点。

2.15 集中线路切换连接目的地的装置 ——交换机（交换集线器）

交换机不仅仅可以汇集线路，也是具备切换连接目的地功能的装置，此功能称为"集线器"。通过开关集线器，还可以分割段等。

☑ 2.15.1 具有切换连接目的地功能的交换机

交换机是一个集线器（集中器），具有交换连接目的地的功能。由于交换机是连接在第 2 层的设备，它们原则上处理以太网帧，换句话说，它会参考线路中的报头和有效载荷信息，并连接到目的地设备（MAC 地址），因此，交换机可以用于避免以太网帧碰撞和阻止不必要的以太网帧。交换机的外观与集线器几乎相同，但端口数通常增加到了 24 或 48 个。例如，数据中心的服务器机架包含大量的服务器和存储设备，交换机用于将这些设备连接起来形成网络。

☑ 2.15.2 可通过交换机分割区段

交换机也称为 L2 交换机，这是因为它们是连接在第 2 层的设备。相比之下，连接在第 3 层、具有基于 IP 地址的路由功能的集线器称为 L3 集线器。L3 集线器与路由器的区别在于，L3 集线器具有 L2 集线器的功能，但速度更快，这是因为它们是由硬件处理的，而且有端口数量较多的产品。L3 集线器因为配备了 CPU，所以也可以指定任意的端口来划分段，这个功能叫作 VLAN。虽然每个网段的端口数对于硬件来说是固定的，但 VLAN 允许在单个交换机上设置具有任意端口数量（在总数范围内）的网段，如图 2.24 和图 2.25 所示。

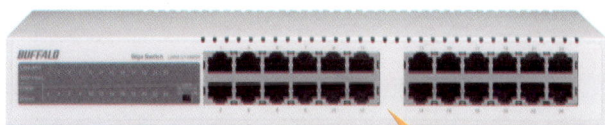

图片来源：Buffalo公司

背面有很多端口，可以连接多个设备

图 2.24　交换机端口实例

通过VLAN设置，能够根据所连接的端口任意地分割段

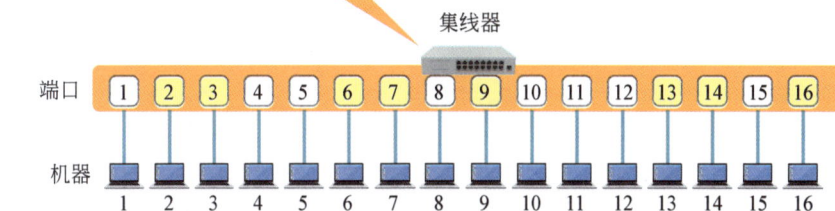

集线器

端口　1 2 3 4 5 6 7 8 9 10 11 12 13 14 15 16

机器　1 2 3 4 5 6 7 8 9 10 11 12 13 14 15 16

VLAN	端口	段	机器
1	1,4,5,8,10,11,12,15	1	1,4,5,8,10,11,12,15
2	2,3,6,7,9,13,14,16	2	2,3,6,7,9,13,14,16

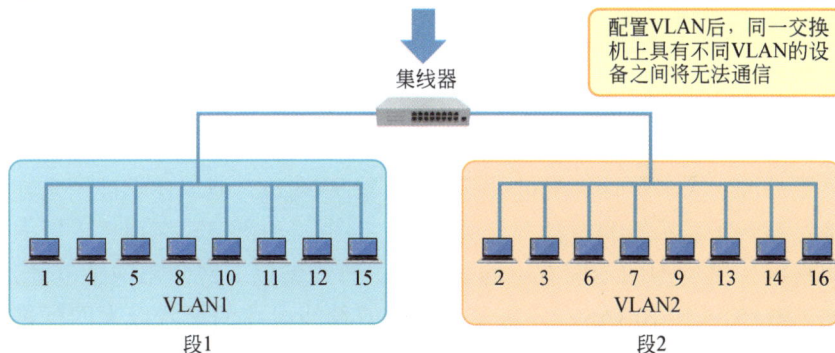

集线器

配置VLAN后，同一交换机上具有不同VLAN的设备之间将无法通信

1　4　5　8　10　11　12　15
VLAN1

2　3　6　7　9　13　14　16
VLAN2

段1

段2

图 2.25　VLAN 分段示意图

> **提　示**
>
> - 开关集线器：最近的集线器大多具备开关功能，但准确地说，由于开关具备集线器的功能，所以可以说不再需要纯粹的集线器。
> - VLAN：Virtual LAN（虚拟局域网）的缩写。一种技术，其能够将段逻辑地分割成多个段，或者将具有多个开关的段逻辑地汇总为一个段。

2.16 传输数据的线路
——电缆

说起网络中使用的电缆，现在一般是面向以太网的 LAN 电缆。但是，进行高速传输的交换机和 10Gb/s 以上的网络机器等一般使用光纤电缆。

☑ 2.16.1　串行电缆和并行电缆

网络中使用的电缆主要有两种，分别为串行电缆和并行电缆。两者的区别在于传输方式，串行电缆一次传输 1 比特的数据，而并行电缆则以 8 比特或 16 比特为单位同时传输多个数据。旧式打印机电缆和用于旧式外部存储设备（SCSI）的电缆都是并行电缆。

☑ 2.16.2　网络电缆使用标准

电缆有多种标准，主要有 RS-232C (EIA-232-D)、以太网 (IEEE 802.3 系列) 和光纤电缆 (ANSI/TIA-568.3-D)。RS-232C 是主要的串行电缆标准。大多数计算机过去都有 RS-232C 端口，但现在它被用来连接控制台（显示器和键盘）与服务器、路由器和机架式交换机。以太网根据连接类型的不同有不同的标准，总线型以太网使用同轴电缆，如 10BASE5 和 10BASE2。目前，使用双绞线电缆的星状以太网标准最为常见，如 100BASE-T 和 1000BASE-TX。光纤电缆有单模和多模两种类型，取决于纤芯中传输路径的数量，标准分别为 OS1、OS2 和 OM1~OM5。纤芯直径、波长和带宽因标准而异，如图 2.26、图 2.27 以及表 2.6 所示。

RS-232C　　　　10BASE5　　　　10BASE2　　　　LAN电缆
（1000BASE-T示例）

图 2.26　主要电缆标准类型示意图（图片提供：SANWA SUPPLY 有限公司）

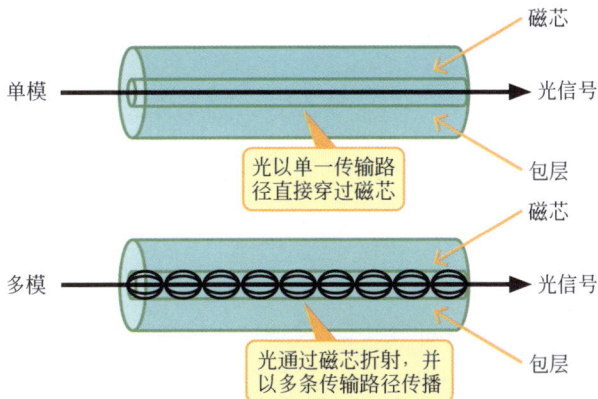

单模　　　　　　　　　　　　　　　　　　　　磁芯

　　　　　　　　　　　　　　　　　　　　　　光信号

光以单一传输路径直接穿过磁芯　　　　　　　　包层

多模　　　　　　　　　　　　　　　　　　　　磁芯

　　　　　　　　　　　　　　　　　　　　　　光信号

光通过磁芯折射，并以多条传输路径传播　　　　包层

图 2.27　光缆传输数据示意图

表 2.6　光纤波长和特性

类型	波　　长	传输速度（目标）	特　　性
OS1	1310~1550nm	约 10Gb/s	传输损耗低，带宽高，适用于主干通信网
OS2			
OM1	850~1300nm	约 1Gb/s	多模：传输损耗相对较高，但价格便宜，易于连接，适用于近距离 LAN
OM2			
OM3			
OM4			
OM5			

> **提 示**
>
> - SCSI: Small Computer System Interface 的缩写，是 ANSI 制定的并行接口标准。传输速率从 5Mb/s 到 320Mb/s 不等，它被用作硬盘等外部存储设备的接口。
> - 控制台：为了操作服务器或网络设备而连接的设备，通常由显示器和键盘构成。
> - 纤芯：光纤的芯线。其由玻璃纤维制成，光线可穿过玻璃纤维。玻璃纤维即使弯曲，光线也能从其内部穿过。

2.17 连接电缆的接口部
——连接器

连接器即电缆连接，对于将单个设备连接到网络也很重要。如果连接器不匹配，设备就无法连接到网络。本节将介绍主要的连接器。

☑ 2.17.1 以太网使用的连接器标准

将设备连接到非无线网络时，设备之间自然需要物理连接。在这种情况下，除电缆外，作为电缆连接部分的连接器的标准和形状也很重要。

首先，RS-232C 电缆的连接器称为 D-Sub 连接器。虽然 RS-232C 有 25 条信号线，但通常使用 9 针 D-Sub 连接器，因为几条信号线就足以连接控制台并在计算机之间进行通信。

RJ-45 也是标准的以太网电缆。它的形状与电话模块插孔（RJ-9）相同，但却是四对双绞线，因此有 8 个触点。

☑ 2.17.2 光纤连接器和 USB 连接器

光纤连接器包括 SC、LC、双 SC、双 LC、FC、ST 和 MU。这些连接器用于交换光信号，不能与普通网络设备连接。这是因为光信号需要转换为电信号（介质转换）。转换使用 SFP 收发器进行，传输速度

达到或超过 10Gb/s 的高速交换机都有 SFP 端口。USB 连接器有时用于
为智能手机充电,但本质上是设备间的通信。USB 连接器有不同类型,
除了 1.1 和 2.0 等规格外,还有 Type-A 和 Type-C,其规格和连接器的
类型没有关系。这里需要注意的是,传输速度和容量因标准而异,并非
所有 USB 3.x 都具有高速和高容量,如图 2.28、图 2.29 以及表 2.7 所示。

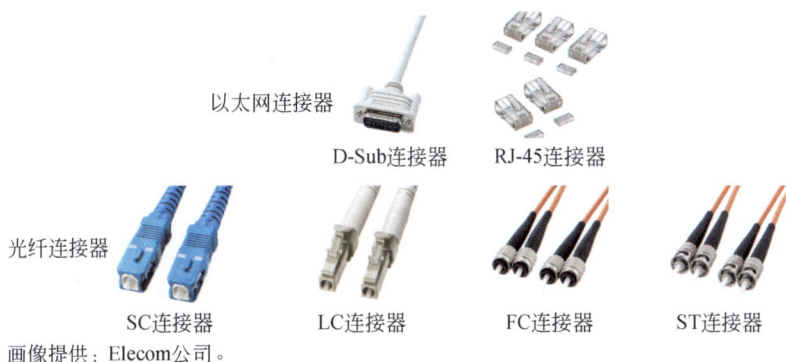

以太网连接器

D-Sub连接器   RJ-45连接器

光纤连接器

SC连接器   LC连接器   FC连接器   ST连接器

画像提供:Elecom公司。

图 2.28   主要连接器标准类型示意图

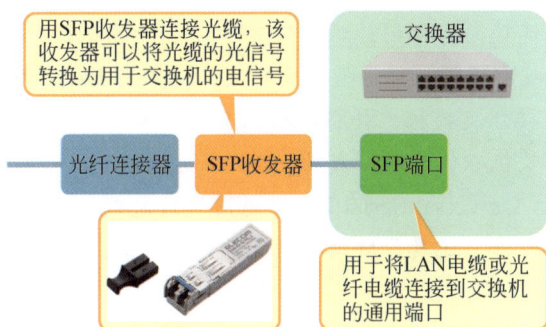

用SFP收发器连接光缆,该
收发器可以将光缆的光信号
转换为用于交换机的电信号

交换器

光纤连接器   SFP收发器   SFP端口

用于将LAN电缆或光
纤电缆连接到交换机
的通用端口

画像提供:Elecom公司。

图 2.29   光纤连接器与交换机连接示意图

表 2.7   主要 USB 标准和连接器种类

标　准	传 送 速 度
USB 1.1	12Mb/s
USB 2.0	480Mb/s
USB 3.x	5~20Gb/s
USB 4.0	40Gb/s

续表

连接器的种类	说　明
USB Type-A	用于计算机和 UBS 集线器等
USB Type-B	用于打印机和 USB 麦克风等
USB Type-C	支持高速、大容量
mini USB Type-A	小型外部设备
mini USB Type-B	小型外部设备
Micro USB Type-A	满足超薄、节省空间的需求
Micro USB Type-B	满足超薄、节省空间的需求
Micro USB 3.0 Type-B	用于便携式硬盘等

提　示

- D-Sub 连接器：准确来说是 D 形 subminiature（超小型）连接器。连接面为梯形，纵向时看起来像 D 字，因此得名。
- SFP 收发器：一种小型插座模块，用于将 LAN 电缆或光纤电缆连接到交换机，并将其插入 SFP 端口。收发机是将发射机和接收机一体化而制成的。
- USB：Universal Serial Bus（通用串行总线）的缩写。除电源端子以外，还具备数据传输用的信号线。

2.18 IP 地址自动分配协议
——DHCP

　　DHCP（Dynamic Host Configuration Protocol）是为 LAN 内的设备自动分配 IP 地址的协议。DHCP 服务器执行此操作，但通常由路由器或默认网关负责。

☑ 2.18.1　DHCP 用于分配 IP 地址

　　每个连接到网络的设备的 IP 地址都由网络管理员设置。连接互联网的设备会分配一个全局 IP 地址，而局域网内的设备则可以随意分配一个专用 IP 地址。IP 地址可通过每个设备的屏幕设定画面手动配置，但这样做效率低且容易出错，因此需要使用 DHCP 自动执行分配。DHCP 是一种客户端服务器协议，它规定了这种机制和程序。DHCP 服务器根据客户端（计算机或网络设备）的请求，从其管理的 IP 地址中分配一个合适的 IP 地址。DHCP 服务器的程序由路由器、高性能交换机、Linux 和 Windows 服务器提供，而 DHCP 客户端程序则安装在所有主要操作系统上，包括 Windows、macOS、Linux、Android 和 iOS，如图 2.30 所示。

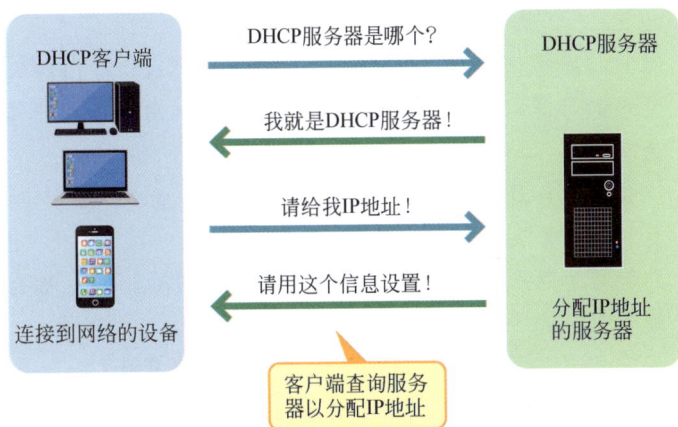

图 2.30　使用 DHCP 分配 IP 地址示意图

☑ 2.18.2　自动分配 IP 地址的步骤

　　DHCP 服务器分配 IP 地址的程序是，客户端首先发送广播信息寻找 DHCP 服务器（DHCP 发现），DHCP 服务器收到信息后回复"它可以分配 IP 地址（DHCP 提供）"。客户端向回复的 DHCP 服务器请求 IP 地址（DHCP Request），最后由 DHCP 服务器发出必要的信息（DHCPAck），如图 2.31 所示。

通过DHCP自动设置

手动设置

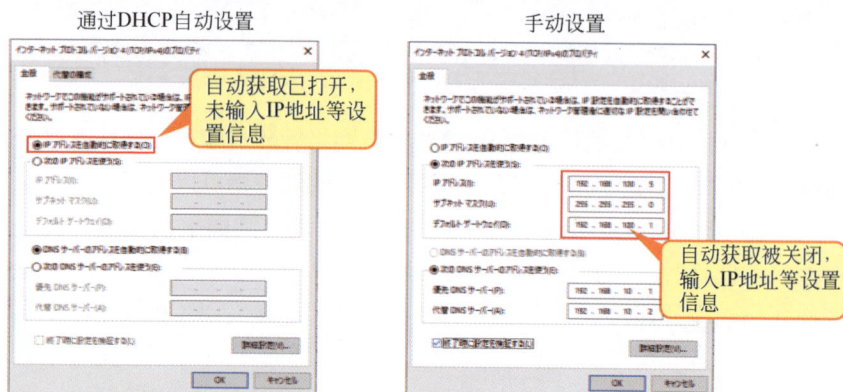

图 2.31　自动设置和手动设置的设定画面（Windows10）

> **提　示**
>
> - 客户端服务器类型：计算机的一种使用形式。专门进行特定处理的计算机称为服务器，访问服务器利用处理的计算机称为客户端。
> - DHCP 服务器：在 DHCP 服务器提供的信息中，除 IP 地址以外，还有子网掩码、默认网关等。
> - 广播：向同一网段内的所有设备传输相同数据，也称为广播通信。
> - 发布信息：发行的 IP 地址等信息可以设置有效期限。有效期根据 DHCPAck 发行的时刻计算。
> - 设定信息确认命令：如果 IP 地址和默认网关等信息是由网络管理员提供并手动设置的，则可以在操作系统配置屏幕上查看内容。但是，如果启用了 DHCP，则无法在 Windows 配置屏幕上查看内容。在这种情况下，可以使用命令提示符或 shell 输入"ipconfig /all"命令来检查信息。

2.19 转换 IP 地址的原理
——NAT／NAPT

局域网内使用的专用 IP 地址不能访问互联网。局域网内的计算机必须通过 NAT 或 NAPT 转换 IP 地址才能访问互联网。

☑ 2.19.1　使用多余的全局 IP 地址的 NAT

要连接互联网，需要一个全局 IP 地址。但是，一般局域网中的计算机只能分配到专用 IP 地址，这意味着计算机无法访问互联网。解决这一问题的方法之一就是 NAT（网络地址转换）或 NAPT（网络地址端口转换）。首先，在分配给公司或其他组织的全局 IP 地址和为每台设备设置的专用 IP 地址之间创建一个一对一的转换表。当收到从特定专用 IP 地址到互联网的访问请求时，就使用该转换表为该通信分配一个全局 IP 地址。如果互联网对该全局 IP 地址做出回应，该 IP 地址就会转换为具有相应专用 IP 地址的设备，用于通信，如图 2.32 所示。

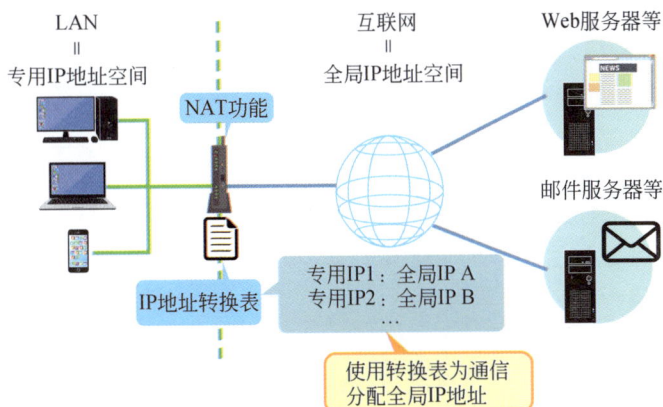

图 2.32　NAT 工作原理示意图

☑ 2.19.2　可以利用 TCP/UDP 端口号的 NAPT

使用 NAT 时，由于可用的全局 IP 地址数量很少，因此很难从多个设备进行访问。NAPT 解决了这个问题，有效利用了少量的全局 IP 地址。除了 IP 地址转换表，NAPT 还使用 TCP/UDP 源端口号。通过为每个专用 IP 地址分配不同的端口号，即使是相同的全局 IP 地址，也能区分请求来自哪台计算机，响应来自哪台计算机，如图 2.33 所示。

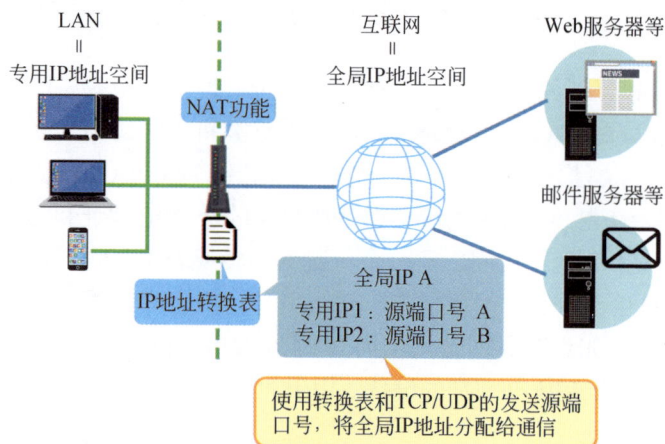

图 2.33　NAPT 工作原理示意图

提　示

- TCP/UDP：IP 之上的第 4 层协议，提供客户端和服务器之间的通信管理和端口号等。端口号被添加到 TCP 或 UDP 分组的头部。
- 源端口号：在 TCP 或 UDP 的通信中，发送源端口号和目的端口号被添加到分组的头部。通常，发送源端口号指定发送源的终端（用户）或确定应用的编号，目的地端口号指定连接目的地的应用。

- 局域网内是否能使用全局 IP 地址：为局域网内的计算机分配全局 IP 地址是可行的。不过，这种操作并不实用，因为只有少数公司拥有大量的全局 IP 地址。此外，每台计算机使用一个全局 IP 地址也意味着可以直接从互联网访问设备。从安全角度来看，这种操作需要相当谨慎并采取相应的对策。保持内部地址和配置的未知性是当前网络管理的基本措施之一。为了确保公司内部的设备不会直接访问互联网或被互联网访问，可以在沿途安装代理服务器，这种服务器称为代理服务器。

2.20 控制通信路径的功能
——路由

互联网可以说是由世界各地的局域网组成的网络。为了处理大量的数据包，需要一种称为路由的技术，它不仅能指定目的地，还能控制路由。

☑ 2.20.1　控制路径的路由

路由器的基本功能是查看数据包，如果数据包的目的地是其管理的局域网，则接收数据包，否则将数据包传递给另一个路由器。除了组织进出局域网的流量外，路由的作用还包括路由控制，例如通过哪个路由器将数据包传递到目的地。路由控制可以最大限度地减少路由器的数量，并绕过故障路由器。此外，还可以根据线路速度和价格的确定来控制路由，如最短路由或成本最低的路由。此类路由信息称为度量。指针和目的地路由器信息在一个被称为路由表的表中进行管理，如图 2.34 所示。

☑ 2.20.2　路由协议的种类

路由器用于交换路由控制信息的协议称为路由协议，有两种类型：

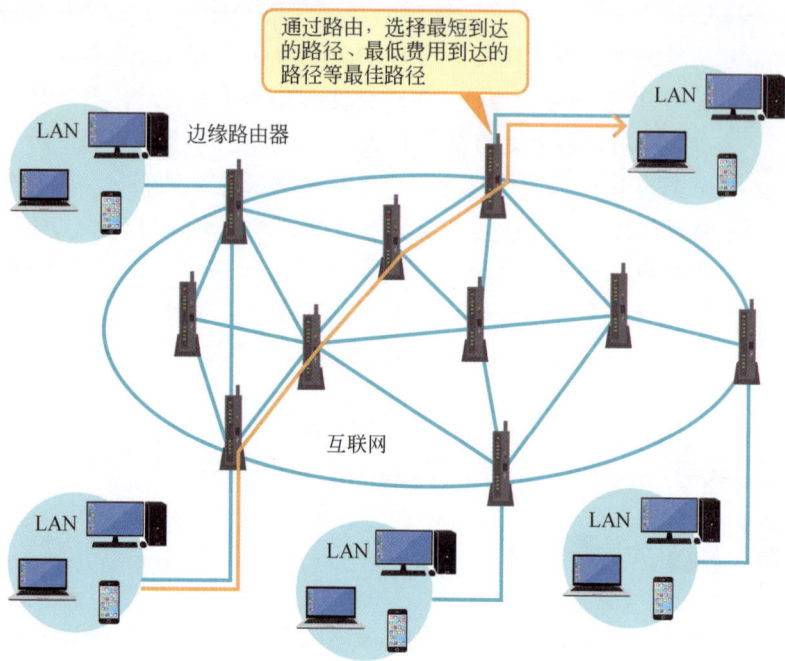

通过路由，选择最短到达的路径、最低费用到达的路径等最佳路径

边缘路由器

LAN

互联网

图 2.34　路由功能示意图

内部网关协议（IGP）和外部网关协议（EGP）。IGP 是对具有相同管理策略的路由器（AS：自治系统）进行路由控制的协议。在相同管理策略下运行的路由器由一个称为 AS 号的标识符区分，AS 号可以在局域网内，也可以在局域网外。另一方面，EGP 是 AS 之间交换路由信息的协议。根据路由信息的处理和运行方式，路由协议可以分为距离矢量型、链路状态型、混合型和路径向量型，如图 2.35 所示。

> **提　示**
>
> • 管理政策：决定公司所管理网络的网段配置和划分的标准和程序。
> • AS 编号：分配给在协议方面适用相同管理政策的网络单元的标识号。在实际互联网中，分配给每个电信运营商或提供商；由管理 IP 地址的 IANA 负责管理。

IGP (Interior Gateway Protocol) 用于具有相同管理 策略的路由器之间 控制路由的协议	距离矢量型 创建路由器之间的距离和方向表，并在路由器之间共享 协议 • RIP（Routing Information Protocol） • IGRP（Interior Gateway Routing Protocol）	链路状态类型 通过将路由器的链接状态数据库化来判断路径 协议 • OSPF（Open Shortest Path First） • IS-IS（Intermediate System to Intermediate System）	混合型 具有距离矢量型和链路状态型两种功能 协议 • EIGRP（Enhanced Interior Gateway Routing Protocol）
EGP (Exterior Gateway Protocol) 用于在AS之间交换路由信息的协议	距离矢量型 创建路由器之间的距离和方向表，并在路由器之间共享 协议 • EGP (Exterior Gateway Protocol) 　：不太被使用	路径向量型 通过距离、方向和优先级等属性信息管理路由表 协议 • BGP(Border Gateway Protocol) 　：建议	

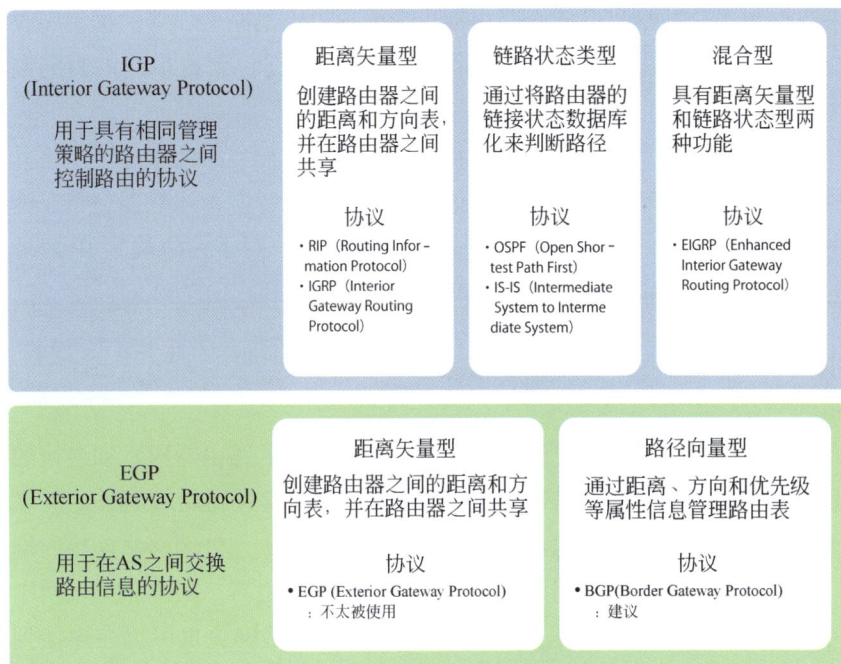

图 2.35　路由协议的种类和类型

2.21 路由器无法确定的未知分组目的地
——默认网关

　　路由器除了自己管理的发给 LAN 的数据包和知道转发目的地的数据包以外，基本上都会废弃。如果收到了未知的数据包，则需要默认网关对其进行处理。

☑ 2.21.1　处理未知数据包的原理

　　路由器除发给自己管理的局域网的数据包以外，都是根据路由表将包转发给其他路由器。转发目的地通常是邻近的路由器（邻居），如果数据包不是发给自己的，路由器也会根据自己的路由表将数据包转发给邻近的路由器。这一过程不断重复，直到数据包到达最终的目的路由器。

如果收到的数据包不是指向自己的局域网，而且路由表也不知道其目的地，路由器基本上就会丢弃该数据包。这意味着未知数据包将在途中被丢弃。路由协议也被认为等同于默认网关，对于无法确定 IP 地址的数据包，可以暂时将其指定为转发目的地。

☑ 2.21.2　IP 地址暂时作为转发地址

对于局域网内设备之间的通信，管理局域网的路由器通常知道目的地 IP 地址，并将数据包转发到正确的目的地，发送到局域网外的互联网网站的数据包也会发送到路由器。路由器有一个与外部网络连接的端口，可以将数据包转发到路由表中适当的相邻路由器。因此，局域网中每个设备的默认网关都是路由器的 IP 地址。默认网关也可以在连接到外部网络的路由器上设置。路由表中无法确定的目的地（IP 地址）会指定到另一个更高级别的路由器或互联网边界的路由器，如图 2.36 和图 2.37 所示。

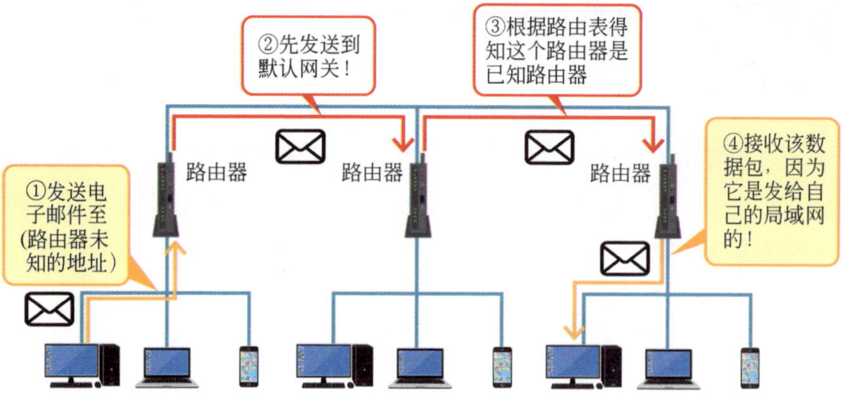

图 2.36　通过默认网关转发数据包

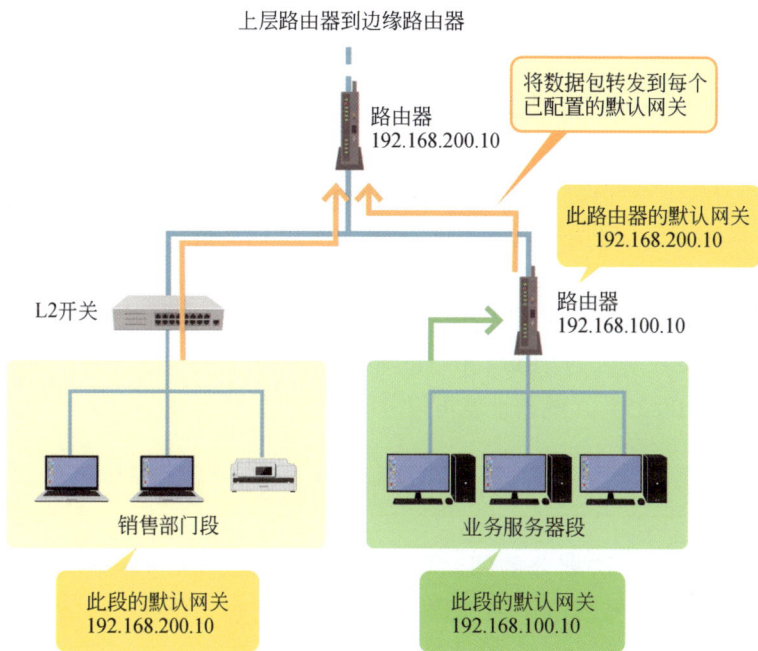

上层路由器到边缘路由器

路由器
192.168.200.10

将数据包转发到每个
已配置的默认网关

此路由器的默认网关
192.168.200.10

路由器
192.168.100.10

L2开关

销售部门段

业务服务器段

此段的默认网关
192.168.200.10

此段的默认网关
192.168.100.10

图 2.37　默认网关配置的构造

提　示

• 路由表：路由器管理的 IP 地址对应表。路由表还存储了到路
  由器的距离（经过多少个路由器）和线路速度等信息。
• 转发目的地：转发目的地，例如另一个路由器或服务器。

2.22 网络划分网段的原理
——子网

　　网络通常由分层结构组成。子网是指将一个网络分成多个段，一个
网络的一个段称为子网。

☑ 2.22.1　划分网络方式

普通局域网根据设备类型、使用目的、使用部门等划分网段。在 IP 网络中，根据 IP 地址的前 1~5 位的模式，将地址区域分类为 A~E（类地址）。类地址曾被用作全局 IP 地址的分配单位，但由于类系统在分配上存在浪费，因此采用了 CIDR 系统，将 IP 地址按任意位划分为类部分（网络部分）和地址部分（主机部分）。网络部分使用 IP 地址顶部的任意位数代表网络。主机部分是可以在该网络内使用的单个地址范围。例如，如果 C 类"192.168.100"是网络部分，那么从"192.168.100.0"~"192.168.100.255"[①]的地址就可以分配给各个主机（设备）。

☑ 2.22.2　表示网络部分和主机部分界限的方法

用 CIDR 方法划分的网络就是一个子网。子网的网络部分和主机部分之间的界限由子网掩码表示。将网络部的位模式全部设为 1（255），其余全部设为 0 的地址标记是子网掩码。在前面的例子中，"255.255.255.0"就是子网掩码。

只看单个主机的 IP 地址是无法确定子网之间有多少位的。因此，在 CIDR 系统中，IP 地址用前缀符号表示，斜线后是网络部分的位数[②]，如图 2.38 至图 2.40 所示。

提　示

- IP 网络：由 IP 地址管理的网络空间。
- 类方法：以类地址为单位分配给一个机构的地址块（地址组）的方法。

  ① 第一个和最后一个地址（位模式全为 0 和全为 1）由 IP 保留，因此实际设备只能使用 254（=256−2）个地址。

  ② 主机地址"192.168.100.20"表示为"192.168.100.20/24"，因为网络部分的位数是 24。网络部分和主机部分也可以在任意位置分开。

网络部分　　　　　主机部分

类D和类E没有
主机部分的特
殊用途地址

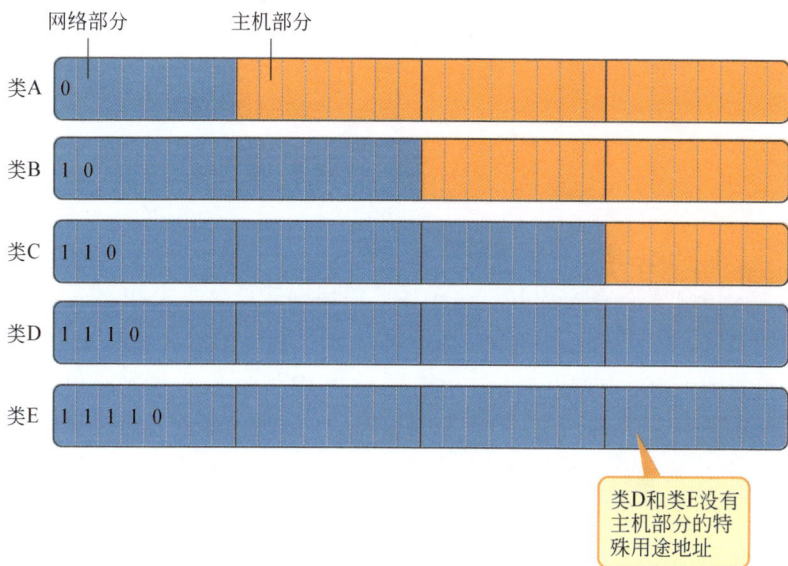

图 2.38　IPv4 类地址

IPv4地址（32位）

192.168.100.0 ～ 255

网络部分　　　　　　　主机部分

分为代表该网络的网络部
分和代表可以在网络内使
用的单个地址的主机部分

图 2.39　IPv4 地址配置

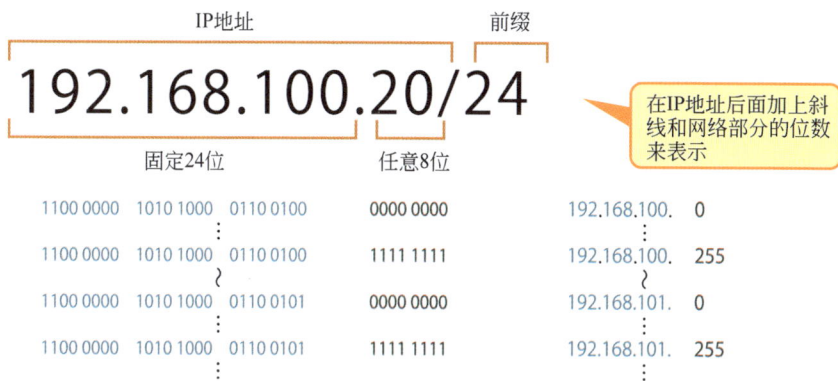

IP地址　　　　　　　　前缀

192.168.100.20/24

固定24位　　　　　任意8位

在IP地址后面加上斜
线和网络部分的位数
来表示

1100 0000	1010 1000	0110 0100	0000 0000	192.168.100.	0
1100 0000	1010 1000	0110 0100	1111 1111	192.168.100.	255
1100 0000	1010 1000	0110 0101	0000 0000	192.168.101.	0
1100 0000	1010 1000	0110 0101	1111 1111	192.168.101.	255

图 2.40　表示子网划分的前缀符号

专 栏 2

转移到 IPv6 的必要性

1. 因 IP 地址耗尽而需要 IPv6

IPv4 是最基本的 IP。由于在互联网刚开始普及时 IPv4 是唯一的 IP 地址，因此至今仍有许多网络软件和应用软件是以 IPv4 为前提设计的。在 IPv4 下，所有可用的 IP 地址都已分配完毕，无法再发放新的 IP 地址。然而，中国、印度和一些新兴经济体的国内 IP 地址已经出现短缺，势必将使用 IPv6 IP 地址。在上述国家中，目前约有一半的互联网流量由 IPv6 数据包构成。日本也将使用约 40% 的 IPv6 IP 地址。

2. 流量增加导致向 IPv6 过渡

互联网与局域网之间的连接通常涉及一种称为 NAT 或 NAPT 的机制，该机制可以将专用 IP 地址转换为全球 IP 地址，这在 IP 地址稀缺的新兴国家非常重要，这是因为 NAPT 允许有效使用少量全球 IP 地址。这是一个重要的机制，不过，使用 NAPT 按国家共享 IPv4 IP 地址也有局限性。例如，如果共享的私有 IP 地址数量过多，NAPT 就会成为瓶颈，性能也会下降。此外，由于视频观看和其他因素，当今的流量还在不断增加。因此，即使是最先进的互联网国家，也在向 IPv6 过渡。这一过渡要求个人计算机、智能手机和其他终端、路由器、DNS 服务器和网络服务器等互联网基础设施与 IPv6 兼容。向 IPv6 的过渡是在用户不知情的情况下进行的，这是因为设备制造商、电信运营商和提供商持有的设备必须支持 IPv6。

第 3 章

网络的种类和构成

　　根据网络范围（如局域网或广域网）和连接方式
（如有线或无线）的不同，可以使用不同类型的网络。

　　本章将对各设备连接到网络的方法及互联网和移动
网络等网络的构成特征等进行介绍。

3.1 设备连接的方式不同
——客户端服务器类型和点对点类型

　　网络连接了各种设备，如计算机、服务器、打印机和多功能机器。设备的连接方式可以是客户端服务器，也可以是点对点，这取决于每个设备的不同作用。

☑ 3.1.1　客户端服务器构造

　　客户端/服务器型（服务器/客户端型）是随着微型计算机和工作站等的发展而普及的，它们运行业务应用程序和网络应用程序，而其他计算机（终端）则通过网络接收处理（服务）。此时，服务的提供方称为服务器，服务的接收（请求）方称为客户端。例如，提供邮件的称为邮件服务器，提供文件（存储）的称为文件服务器等。因为服务器和客户端的名称是由各机器的角色命名的，所以无论是大型机还是工作站，使用其他计算机的程序和服务时都是"客户端"。例如，在物联网设备等中，监控摄像头也可以作为服务器提供处理（服务），如图3.1所示。

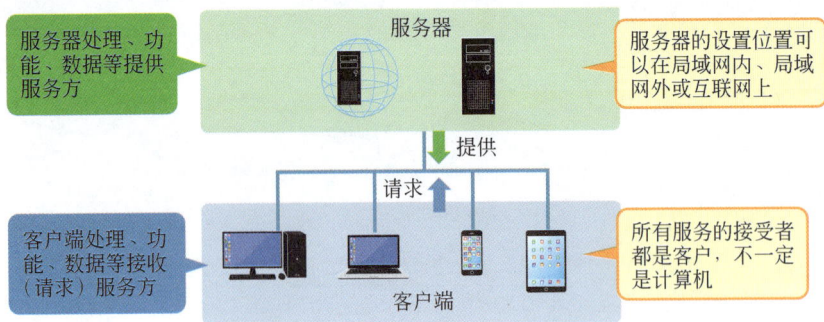

图 3.1　客户端服务器类型示意图

☑ 3.1.2 点对点类型的必要性

TCP/IP 或互联网都是为连接世界各地的微型计算机和其他设备而设计的协议和机制。互联网基本上以客户端/服务器的形式为主。不过，在互联网上，有时终端之间不通过服务器直接通信反而会更有效，例如实时视频分发（基于数据包的系统效率很低）以及复杂的定制通信。在互联网中，局域网末端的设备使用 IP 地址和专用通信应用程序直接连接，这种连接方式称为点对点（P2P），如图 3.2 所示。

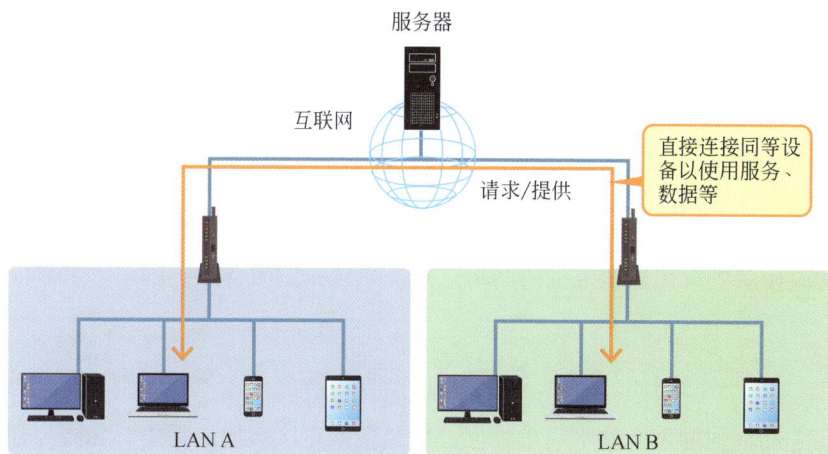

图 3.2 P2P 类型示意图

提 示

- 微型计算机和工作站：20 世纪 70 年代中期开始普及的计算机，与 20 世纪 60 年代的大型计算机形成鲜明对比，它们的应用从大学和研究机构开始普及。
- 服务器：在局域网环境中为其他计算机提供特定处理或功能的计算机，如与其连接的微型计算机或工作站。
- 客户端：连接到服务器以应用特定进程或功能的计算机。

- P2P："P2P"是"对等的伙伴"的意思，是一种对等的机器之间直接连接，并利用彼此的功能和数据系统的结构。
- 中心集中型：根据网络使用类型和管理方式的不同，还有一种称为集中式的分类。集中式是基于传统计算机的使用方式，即一台大型计算机（主机）与若干个类似电动打字机的终端相连接。所有处理均由中央主机处理，终端在执行 TSS（分时服务）的同时进行处理，在 TSS 服务中，CPU 的短处理时间被依次分配。

3.2 有限网络的范围
——LAN

Local Area Network（局域网）的缩写为 LAN，一般是指同一建筑物或楼层内等比较窄范围的网络。接下来让我们来详细了解一下 LAN。

☑ 3.2.1 局域网范围较窄

局域网的定义并不简单，但一般是指限定区域内的网络，如同一建筑物或楼层内的网络。一家公司或一所大学可能在同一地点拥有多栋大楼，这些大楼可以作为一个局域网进行管理。单个局域网还可以用于集中管理地理位置遥远的地点，如总部和分支机构。

☑ 3.2.2 构成局域网的设备及协议

目前，以太网是构成局域网的主要网络。在以太网中，设备通过由双绞线组成的局域网电缆相互连接，设备之间使用 RJ-45 连接器连接。以太网使用 MAC 地址来识别连接（计算机、服务器、打印机等）。MAC 地址足以识别一个节点，但在实际应用中，也使用 IP 地址，它是以太网（数据链路层）上层协议 TCP/IP（网络层）的标识符。MAC 地址的地址值没有分层结构，因此，对于每个部门都具有分层结构的一般企业来说，LAN 的配置和管理都很麻烦，所以使用以太网帧的有效载荷中包含的 IP 地址构成网络的 L3 交换机。交换机本质上是第 2 层（L2）的设备，只能通过其 MAC 地址进行识别，而 L3 交换机还可以使用 IP 地址作为标识符，如图 3.3 所示。

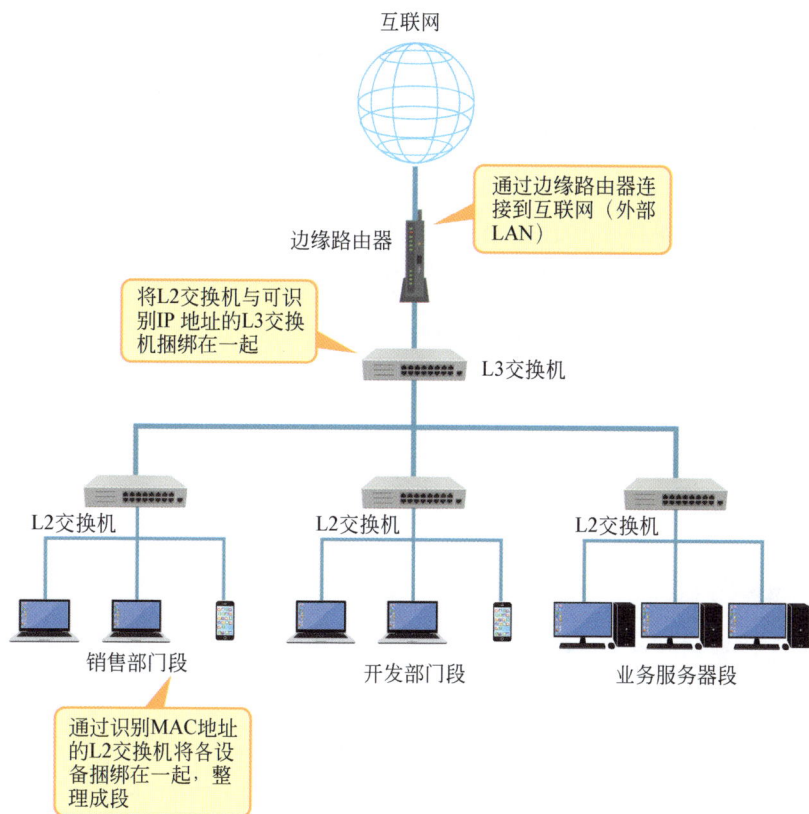

互联网

通过边缘路由器连接到互联网（外部 LAN）

边缘路由器

将L2交换机与可识别IP 地址的L3交换机捆绑在一起

L3交换机

L2交换机　　　　L2交换机　　　　　L2交换机

销售部门段　　　　开发部门段　　　　　业务服务器段

通过识别MAC地址的L2交换机将各设备捆绑在一起，整理成段

图 3.3　典型局域网配置实例

提　示

• 以太网：是由帕洛阿尔托研究所发明的分组通信技术，1980年由 IEEE 802 委员会标准化。

- MAC 地址：分配给每个连接到网络的设备的标识符，低 24 位为序列号。
- L3 交换机：交换机本质上是 L2 设备，但近年来出现了内部处理 L3 及以上协议的产品，如路由功能和 TCP/IP。
- 局域网的具体实情：在考虑连接到局域网的设备时，计算机和服务器首先通过局域网电缆连接到交换机。交换机构成局域网的最小单元。每个交换机都使用 L3 交换机或路由器，并根据组织结构（如科室、部门或办公室）捆绑在一起，这就是具体局域网的实际情况。由 L2 交换机捆绑的局域网无法与另一个交换机捆绑的局域网进行通信。为了解决这个问题，可以将交换机级联，或者使用可以连接所有设备的交换机。不过，级联的设备数量是有限制的。此外，在单个局域网内管理办公室不仅维护复杂，还存在安全问题。因此，需要安装路由器（或 L3 交换机）来捆绑 L2 交换机，并组织不同局域网之间的流量。

3.3 连接办公室内的网络
——以太网

目前，大多数局域网都使用以太网的标准。以太网使用某种方式来检测线路的使用情况，并决定是开始通信还是等待通信。本节将介绍以太网的功能和通信方式。

✓ 3.3.1 以太网的基本原理

以太网是作为连接办公室和实验室设备的网络而开发的，它采用基于数据包通信的随机存取方法，目的是让多个传输源在各自的时间开始通信。随机存取法的原理是，如果在传输时另一设备正在传输（碰撞检测），则在尝试再次传输之前等待一小段时间。检测线路使用情况和重新传输的方法称为 CSMA/CD。还有一种称为 CSMA/CA 的方法，它使用一个随机数在等待重传的时间内考虑重传次数，降低了重传碰撞率。在刚开始开发时，它是一个总线型网络，通过窃听连接每个设备。在传输速度达到 100Mb/s（100BASE-T）及以上时，CSMA/CD 方法不再奏效，因此现在它使用交换集线器，并根据数据包标识符切换目的地。该网络由星状网络组成，其中，目的地根据数据包标识符进行切换，如图 3.4 所示。

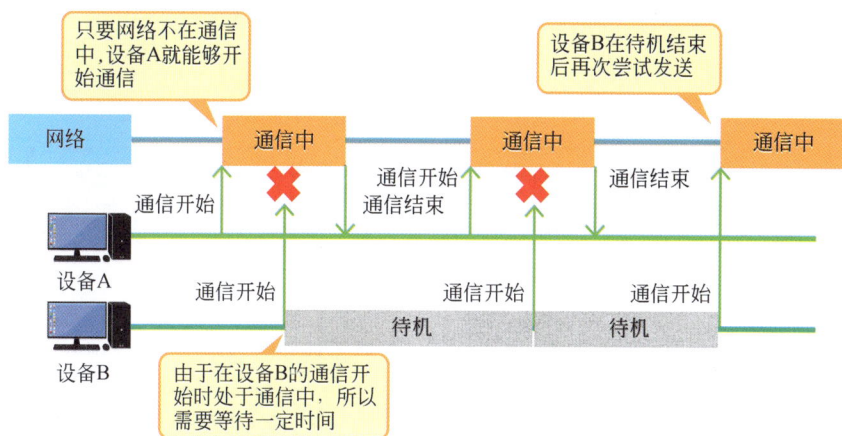

图 3.4 CSMA/CD 方式示意图

☑ 3.3.2 以太网帧的构造

以太网交换的数据块称为以太网帧，其结构比较简单，可以分为四个字段：数据包源标识符信息、目标标识符信息、数据包类型和有效载荷目标协议信息（类型字段）、有效载荷和校验和。以太网标识符使用 MAC 地址。刚才提到的交换集线器参照该 MAC 地址，判断连接哪个端口（接口），如图 3.5 和图 3.6 所示。

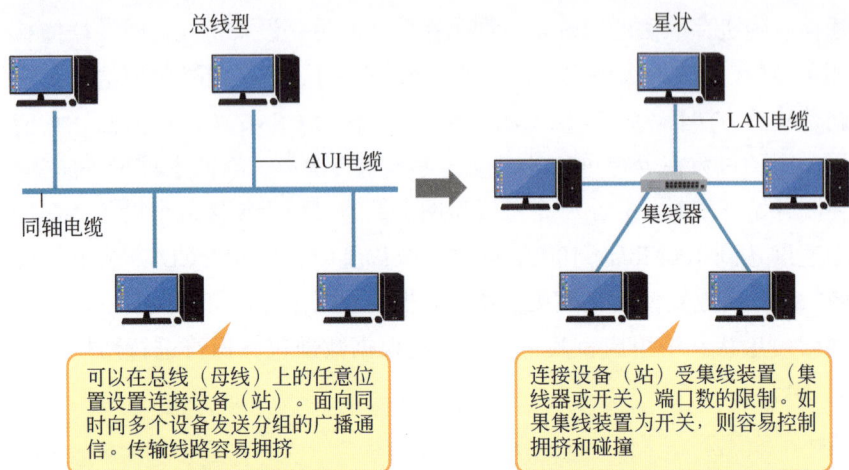

图 3.5 以太网中总线型和星状结构的特征

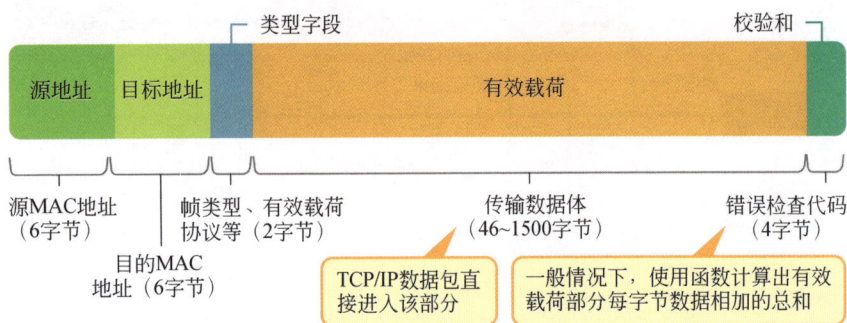

图 3.6 以太网帧的构造

> **提 示**
>
> - CSMA/CD: Carrier Sense Multiple Access with Collision Detection 的缩写。
> - CSMA/CA: Carrier Sense Multiple Access with Collision Avoidance 的缩写。
> - 攻丝: 将金属针刺入单根同轴电缆的技术。
> - 以太网帧: 以太网协议中的数据传输单位, 包括报头和有效载荷, 与 TCP/IP 中的数据包相同。

- 校验和：用于查找传输错误的代码。将从原始数据中获得的计算值与接收数据的计算值进行比较，如果两者不一致，则说明数据传输不正确。

3.4 无线电波连接的设备网络
——无线局域网

无线局域网是利用无线电波而不是有线局域网电缆进行无线连接的局域网。只要在无线电波范围内，设备就可以自由连接，但存在无线电波被拦截的风险，因此需要采取安全措施。

☑ 3.4.1　无线局域网的优缺点

阻止无线连接的一种方法是使用 MAC 地址（MAC 地址验证），IEEE 802.11 系列还允许对无线通信进行加密。与无线局域网的连接通过指定一个 SSID 来识别接入点。通常，SSID 会向周围广播，但也有限制广播的功能（隐蔽 SSID）。

☑ 3.4.2　无线局域网的安全对策

无线局域网一般被认为具有很高的窃听风险，因此在协议中采用了一些安全措施。不过，这些协议并非完全安全。例如，对于 MAC 地址验证，存在着查找地址表的协议。如果知道协议，还可以知道隐蔽的 SSID。在加密方面，老式的 WEP 并不安全。WEP 使用的加密技术（RC4）以目前的计算机性能可以在几小时内解密，而且还可以使用分析工具。如果要安全地使用无线局域网，必须在更高层次上采取措施，如在局域网内安装单独的验证服务器，见图 3.7 和图 3.8。

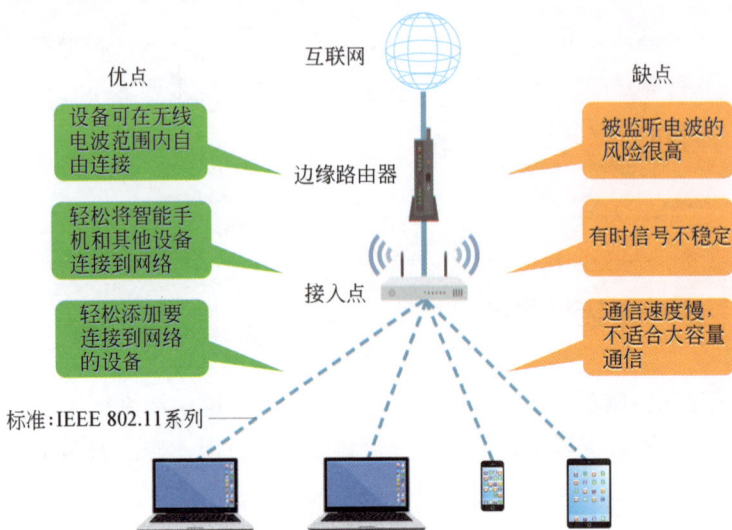

图 3.7　无线局域网的优缺点

优点
- 设备可在无线电波范围内自由连接
- 轻松将智能手机和其他设备连接到网络
- 轻松添加要连接到网络的设备

缺点
- 被监听电波的风险很高
- 有时信号不稳定
- 通信速度慢，不适合大容量通信

互联网

边缘路由器

接入点

标准：IEEE 802.11系列

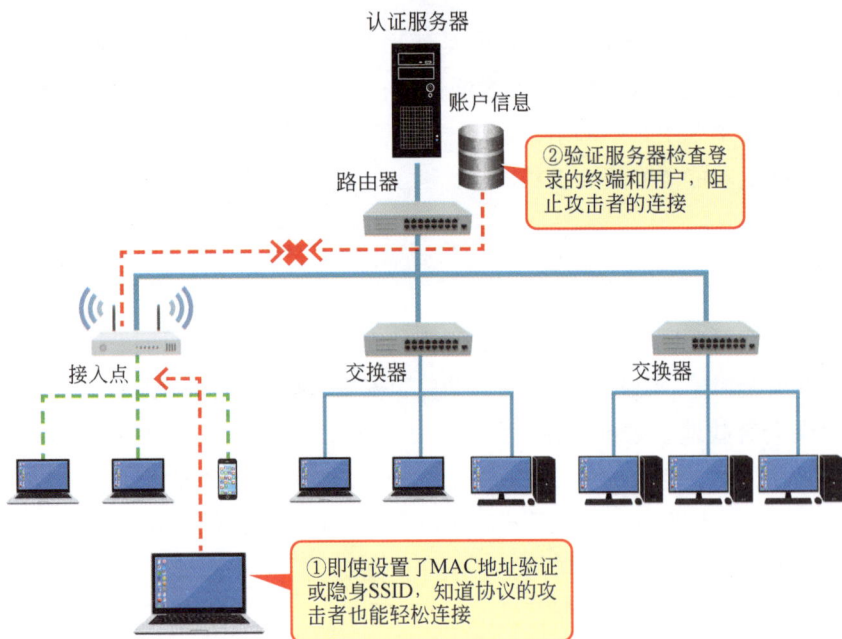

图 3.8　由服务器对连接终端和用户进行身份验证

认证服务器

账户信息

②验证服务器检查登录的终端和用户，阻止攻击者的连接

路由器

接入点

交换机

交换机

①即使设置了MAC地址验证或隐身SSID，知道协议的攻击者也能轻松连接

提　示

- 无线局域网：IEEE 802.11 被指定为标准，使用第 2 层进行通信。
- MAC 地址验证：使用接入点注册的地址表，只允许预先注册的设备连接。
- 隐身 SSID：一种防止 SSID 在附近传播且无法被引用的功能。
- 窃听：有线系统也可能被窃听，例如通过篡改电缆或使用特殊软件，但一般认为无线系统被窃听的风险更高，因为它们即使在远处也能接收无线电波。
- WEP：使用 RC4 算法的加密方法，已发现多种漏洞，不建议使用。
- WPA：一种基于 TKIP 的方法，具有更复杂的加密功能，现在已得到改进，并引入了 WPA2 和 WPA3。

3.5　局域网管理标准

——IEEE 802.x 标准

IEEE 802 系列是一个标准系统，它规定了局域网（LAN）的各种规范。IEEE 802 系列中规定了以太网和无线局域网的标准。

☑ 3.5.1　以太网标准 IEEE 802.3

IEEE 802.3 定义了以太网的规格，是当今局域网的代表。以太网是 1976 年由美国办公设备制造商施乐公司的帕洛阿尔托研究所完善的一种网络技术。当时的传输速度为 3Mb/s，后经与 DEC、英特尔等公司合作改进并标准化，于 1985 年成为全球标准，即 IEEE 802.3。早期的以太网使用粗同轴电缆，如今则使用 8 对双绞线电缆（局域网电缆），传输速度也从 100Mb/s 提高到 1Gb/s，光纤电缆也用于 1Gb/s 及以上的网络。IEEE 802.3 除协议外，还规定了电缆。换句话说，该标准横跨物理层（第 1 层）和数据链路层（第 2 层）。电缆有 100BASE-T 和 1000BASE-FX 等标准，具体取决于传输速度。数字表示传输速度（100Mb/s 或 1000Mb/s），字母 "T" 和 "FX" 表示电缆类型，如双绞线或光纤，见图 3.9。

IEEE 802.3a

局域网标准　以太网　后缀

以太网标准	主要以太网标准	传送速度	主 要 电 缆
IEEE 802.3	10BASE5	10Mb/s	同轴电缆（粗）
IEEE 802.3a	10BASE2	10Mb/s	同轴电缆（细）
IEEE 802.3i	10BASE-T	10Mb/s	双绞线（CAT3及以上）
IEEE 802.3u	100BASE-TX	100Mb/s	双绞线（CAT5及以上）
IEEE 802.3ab	1000BASE-T(X)	1Gb/s	双绞线（CAT6及以上）
IEEE 802.3u	1000BASE-FX	1Gb/s	光缆
IEEE 802.3z	1000BASE-SX	1Gb/s	光缆
IEEE 802.3an	10GBASE-T	10Gb/s	双绞线（CAT6a及以上）
IEEE 802.3ae	10GBASE-X	10Gb/s	光缆

图 3.9　IEEE 802.3 系列标准实例

☑ 3.5.2　无线局域网的标准 IEEE 802.11

IEEE 802.11 是无线局域网的标准。根据所使用的频段和传输速度，标准编号后面会有一个后缀，如 "a""b""g" 或 "ac"。例如，IEEE 802.11ac 是使用 5GHz 频段进行 1Gb/s 数据传输的标准。无线局域网标准由后缀部分区分，如 "a" 和 "ac"，但最近开始使用 Wi-Fi 这个术语，它是无线局域网的一种，有时也用数字来表示，如 "Wi-Fi5" 或 "Wi-Fi6"，见图 3.10。

IEEE 802.11a

局域网标准　　无线局域网　　后缀

无线局域网标准	频段	最大通信速度	特　　征
IEEE 802.11a	5GHz	54Mb/s	·不易受家用电器（如微波炉和蓝牙等）的无线电干扰 ·易受障碍影响
IEEE 802.11b	2.4GHz	11Mb/s	·易受家用电器（如微波炉和蓝牙）的无线电干扰
IEEE 802.11g	2.4GHz	54Mb/s	·抗障碍 ·IEEE 802.11g是IEEE 802.11b的高级兼容
IEEE 802.11n (Wi-Fi4)	2.4GHz	600Mb/s	·提供2.4GHz和5GHz频段 ·最多可捆绑4根天线，实现高速通信
	5GHz	600Mb/s	
IEEE 802.11ac (Wi-Fi5)	5GHz	6.9Gb/s	·带宽大于IEEE 802.11n ·最多可捆绑8根天线，实现高速通信
IEEE 802.11ax (Wi-Fi6)	2.4/5GHz	9.6Gb/s	·与IEEE 802.11ac兼容 ·支持高级应用程序

图 3.10　IEEE 802.11 系列标准实例

提　示

- 双绞线：将＋和－（信号线和接地线）两根线拧成螺旋状的线缆，提高了抗噪能力。
- 光纤电缆：使用光而不是电信号进行通信的电缆。信号线由玻璃纤维等制成。
- 后缀：在型号等后面添加的分支编号。
- Wi-Fi：一种无线 LAN，由行业协会开发和建立，旨在推广和普及 IEEE 802.11 系列。

3.6 连接更大范围的网络

——WAN

　　与局域网相对应的术语是广域网（WAN，Wide Area Network），它是广域网的缩写，指比局域网连接区域更广阔的网络，但局域网和广域网并不仅仅代表物理范围上的差异。

☑ 3.6.1　广域网

广域网一般指连接比局域网更大物理区域的网络，如建筑物内外。不过，该术语也用于连接未指定数量的主机或设备等的网络。由 NTT 和 KDDI 等电信运营商提供的专线也可视为广域网。专用线路就像银行的 ATM 线路一样，用于连接 IX，用户独享线路，并连接到特定站点、数据中心、互联网等。

☑ 3.6.2　局域网和广域网的区别

局域网（LAN）和广域网（WAN）过去是指连接范围的不同，但现在也有了不同的含义。局域网还有一种服务叫"广域局域网"，这是一种使用局域网以太网的服务，但中间有网关和其他网络协议，可以连接远处的地点，是一种作为网络的局域网，它被视为"逻辑局域"。"广域网"一词也用于公司局域网内。例如，路由器上的端口分别标有"LAN 端"和"WAN 端"。在这种情况下，当局域网由多个网段组成时，接收设备的一侧就是"LAN 侧"，而连接其他路由器或更高级路由器（收集器）的一侧就是"WAN 侧"。在这种情况下，WAN 意味着"LAN（网段）之外"。换句话说，LAN 和 WAN 的区别取决于"本地"的范围，即网络内部还是网络外部，如图 3.11 所示。

> **提　示**
>
> - 网络：连接用户电话的公共网络（PSTN）和互联网也是 WAN 的一种。
> - IX：Internet Exchange 的缩写，是通信运营商、ISP、数据中心等处理大量互联网通信的运营商相互连接，交换路径信息等的连接点。
> - 网关：广义上是指网络的连接点。在广域 LAN 中，在远距离通信中有时利用与 LAN 不同协议的线路，承担此时的协议转换和连接接口的作用。

- 网络协议：将远距离站点连接为同一局域网时，中间线路会使用各种协议、方法和电信运营商。一些电信运营商已经建立了自己的大型以太网网络，甚至可以使用以太网进行远距离连接。

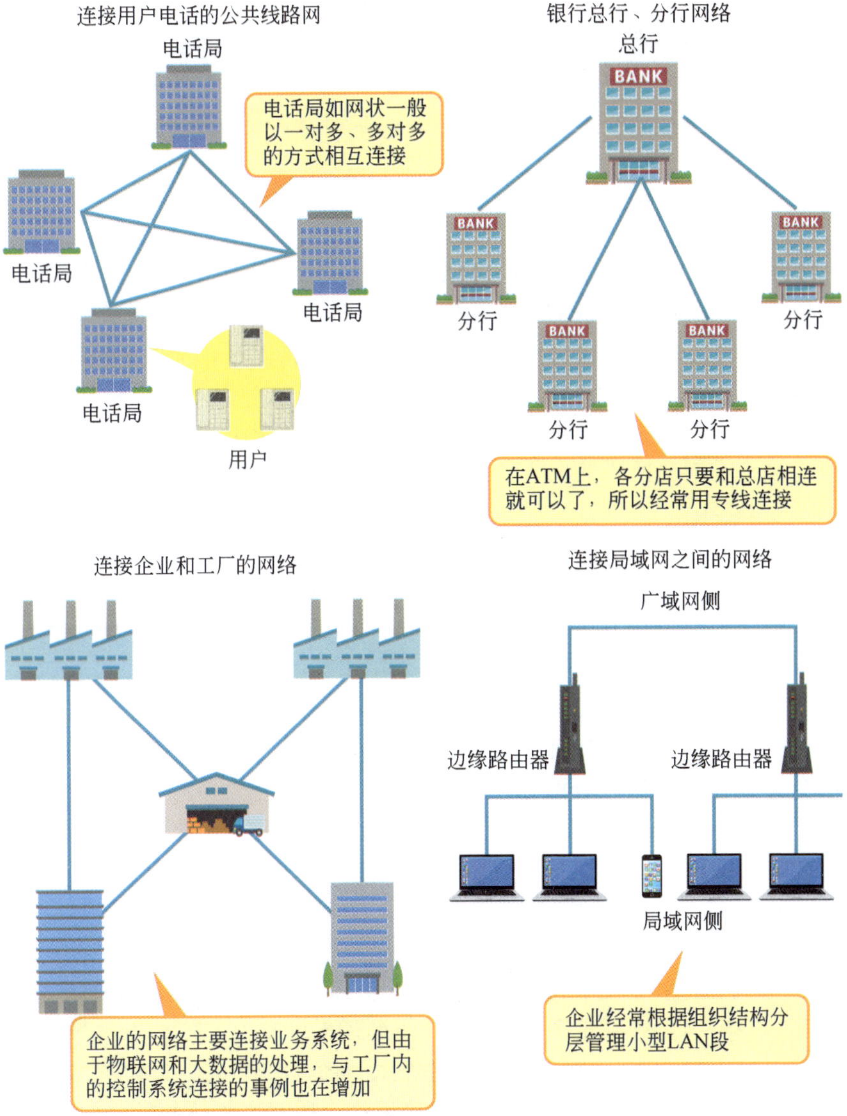

连接用户电话的公共线路网
电话局

电话局如网状一般以一对多、多对多的方式相互连接

电话局

电话局

电话局

用户

银行总行、分行网络
总行

BANK

分行

分行

分行

分行

在ATM上，各分店只要和总店相连就可以了，所以经常用专线连接

连接企业和工厂的网络

企业的网络主要连接业务系统，但由于物联网和大数据的处理，与工厂内的控制系统连接的事例也在增加

连接局域网之间的网络
广域网侧

边缘路由器

边缘路由器

局域网侧

企业经常根据组织结构分层管理小型LAN段

图 3.11　用于各种意义的 WAN

3.7 分割和合并段的原理
——VLAN

要在多台交换机之间配置网段，需要使用一种称为 VLAN（Virtual LAN）的技术，通过为融合网络中的每台设备分配逻辑配置的网段，可以提高网络设计的灵活性。

☑ 3.7.1 可灵活设计网络配置的 VLAN

局域网的最小单位是以 L2 交换机（交换集线器）为边界的网段。连接到同一交换机的每个设备都构成一个网段。在典型的公司局域网中，为便于管理，网段按楼层或部门划分。在这种情况下，交换机按楼层或组织结构提供。由于可以连接到交换机的设备（端口）数量是固定的，因此需要在连接更多设备后添加新网段。在此情况下，可以使用 VLAN 将连接到不同交换机的设备合并到同一网段。

☑ 3.7.2 进行分割段的原因

VLAN 允许使用称为 VLAN-ID 的标识符在交换机内外配置逻辑（虚拟）网段。同一网段可定义为第 2 层（数据链路层）可以接收到广播数据包的范围。在查找目标 IP 地址或请求发布 IP 地址时，ARP 和 DHCP 等协议会向整个网络发送广播传输。如果网段管理不善，广播传输会导致查询数据包分散到不相关的网段。路由器在第 3 层（网络层）进行通信，按 IP 地址和子网管理网段。L3 交换机不是唯一具有 VLAN 功能的交换机，还有 L2 交换机，如图 3.12 和图 3.13 所示。

> **提 示**
>
> - VLAN：即使在由于布局变更而必须在分离的位置增设开关时等，也能够将连接在不同开关上的设备用 VLAN 汇总为一个段。
> - VLAN-ID：分配给交换机每个端口的虚拟编号（ID）。
> - 广播分组数据包：同时发送给网络中所有主机的包。

能够以VLAN-ID为基础，将具有相同ID的设备作为相同的段进行汇总

☐ → VLAN-ID:10　　☐ → VLAN-ID:20　　☐ → VLAN-ID:30

交换器　　　　　　　　　　　　交换器

1　2　3　4　　　　　　　1　2　3　4

A　B　C　D　　　　　　　E　F　G　H

A、B、E 为相同段

C、D、H 为相同段

F、G为 相同段

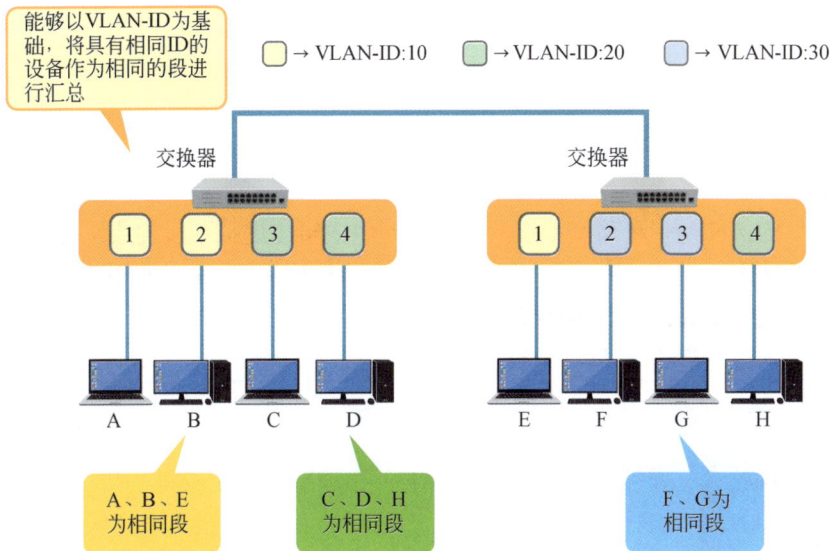

图 3.12　VLAN 分段示意图

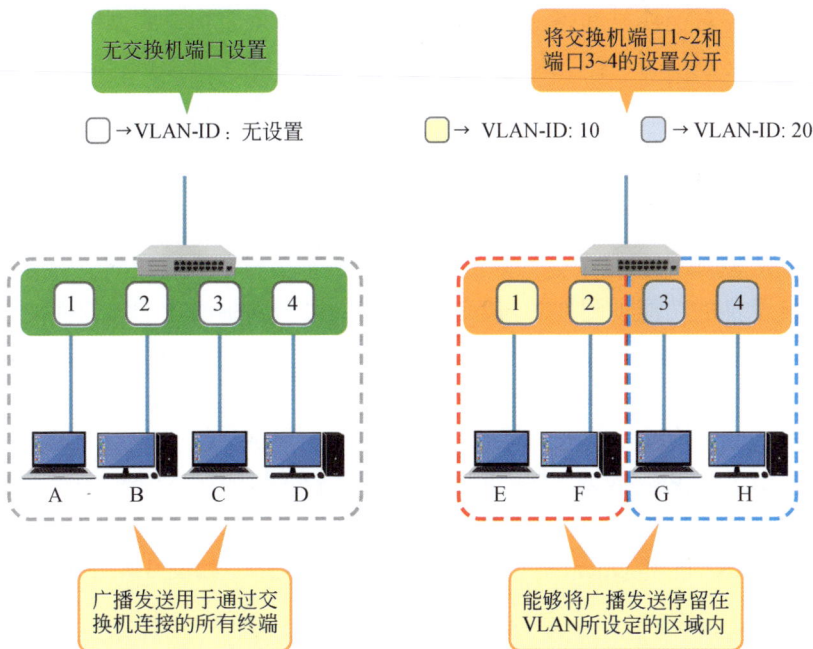

无交换机端口设置

将交换机端口1~2和 端口3~4的设置分开

☐ →VLAN-ID：无设置　　☐ → VLAN-ID: 10　☐ → VLAN-ID: 20

1　2　3　4　　　　　　　1　2　3　4

A　B　C　D　　　　　　　E　F　G　H

广播发送用于通过交换机连接的所有终端

能够将广播发送停留在VLAN所设定的区域内

图 3.13　简化广播传输

3.8 集中网络管理功能的构造
——SDN

VLAN 是一种将交换机的物理限制由逻辑（虚拟）段构成以便于使用的结构。对于大型网络等，使用更加灵活地构成网络的 SDN（Software Defined Network）结构是很方便的。

☑ 3.8.1 灵活网络配置的虚拟网络

以逻辑（虚拟）配置（如 VLAN）管理网络的系统称为虚拟网络。除 VLAN 外，虚拟网络还包括 VPN（虚拟专用网络）和 MPLS（多协议标签交换）。在这些方案中，网络的设计和配置是通过标签和标记虚拟化的，它们允许网络配置不受布线或设备位置的限制，但基本上都需要对交换机和路由器进行单独配置。如果要构建大型网络或更灵活地配置网络，标签和标签虚拟化可能还不够，SDN 可以解决这个问题。

☑ 3.8.2 通过 SDN 集中管理和控制功能

在 SDN 中，每个设备都由专用交换机汇集成一个局域网，网络上连接设备的功能（硬件）与管理和控制网段与路由的功能（软件）分离，配置信息和网络控制集中在管理部分（控制平面）。配置信息和网络控制集中在管理部分（控制平面）。如果每个设备都有一个基于交换机的专用连接（数据平面），则可以在控制平面上进行详细配置和控制。REST API 不仅对 SDN 进行管理和控制，同时用于网络应用程序和网络服务，可以用于控制数据平面和控制平面。SDN 的管理和控制通过 NETCONF 和 OpenFlow 等协议实现了标准化，如图 3.14 和图 3.15 所示。

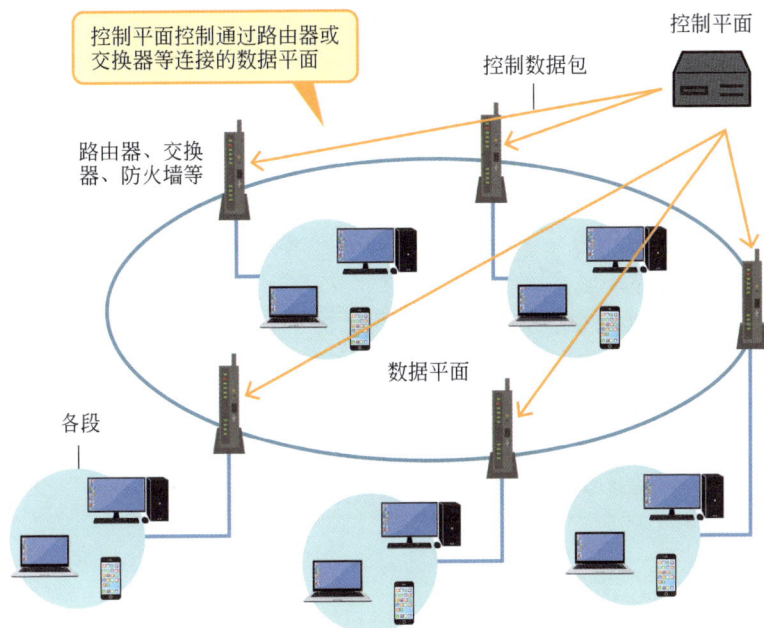

控制平面

控制平面控制通过路由器或交换器等连接的数据平面

控制数据包

路由器、交换器、防火墙等

数据平面

各段

图 3.14　SDN 的控制和管理功能示意图

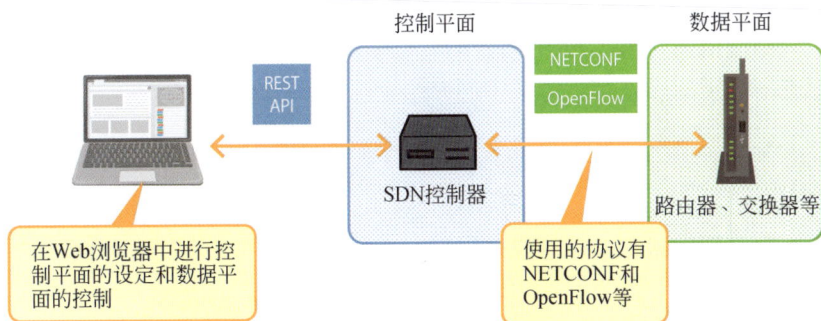

控制平面

数据平面

REST API

NETCONF

OpenFlow

SDN控制器

路由器、交换器等

在Web浏览器中进行控制平面的设定和数据平面的控制

使用的协议有 NETCONF和 OpenFlow等

图 3.15　用于 SDN 的控制和管理的原理和协议

提　示

• VPN：指在互联网等公开的网络上设定的虚拟专线。它通过对数据包进行 ID 信息的赋予和加密处理，构筑（其他人不能访问）虚拟的网络信道。

- MPLS：一种在分组中加入专用的标记信息或 ID 信息来控制路由的技术。
- 虚拟化：使用标签和标签的 ID 等，构成与交换机和路由器的物理连接无关的网络和段。
- REST API：用于调用 Web 应用程序等功能和服务的规章。在 Web 浏览器中，REST API 使用了各种各样的 Web 网站的应用程序和服务。
- SDN 活用例：SDN 越来越多地用于构建和管理大规模网络，例如电信运营商和云服务提供商。电信运营商准备了庞大的连接线（网络）网络，能够通过控制平面配置任何局域网，而无须考虑物理连接。SDN 还用于以灵活的方式配置和管理云中的虚拟服务器。

3.9 企业局域网
——局域网间相互连接的网络

局域网通常由小规模的段组成。每个段由交换机捆绑在一起，并作为更高级别的段进行汇总。下面介绍企业局域网的基本结构。

☑ 3.9.1 由交换机组成段

在典型的组织中，网段是以部门或科室等为单位组织起来的。在物理上（第 1 层和第 2 层），它们通过交换机或其他方式组合成一个网段。然后，这些网段与另一个交换机组合成更高层次的网段，如从科室到部门或业务单位。此时，根据要聚合的网段的流量和设备数量，可以通过路由器或 L3 交换机将其聚合在一起。使用路由器等第 3 层设备可以通过隐藏物理层和数据链路层的抽象 ID 进行灵活管理。

☑ 3.9.2 仅限于安装客户端的内部网

除了用于工作的计算机和其他设备（客户端）外，业务应用服务器、数据库服务器、文件服务器和身份验证服务器也会连接到网段。服务器通常由多个部门共享，因此不需要将其放在特定的部门网段中，而是为服务器创建一个单独的网段。此外，应用程序、数据库、身份验证系统等每个功能或处理的数据都应是独立的。不过，如果某个系统只供该部门使用，则可以在每个部门分段内连接服务器。有些办公室将业务系统转移到云端，只安装客户端，如计算机和打印机。"内联网"一词与"互联网"相对应，是公司内部系统的网络，不直接与互联网连接，如图 3.16 所示。

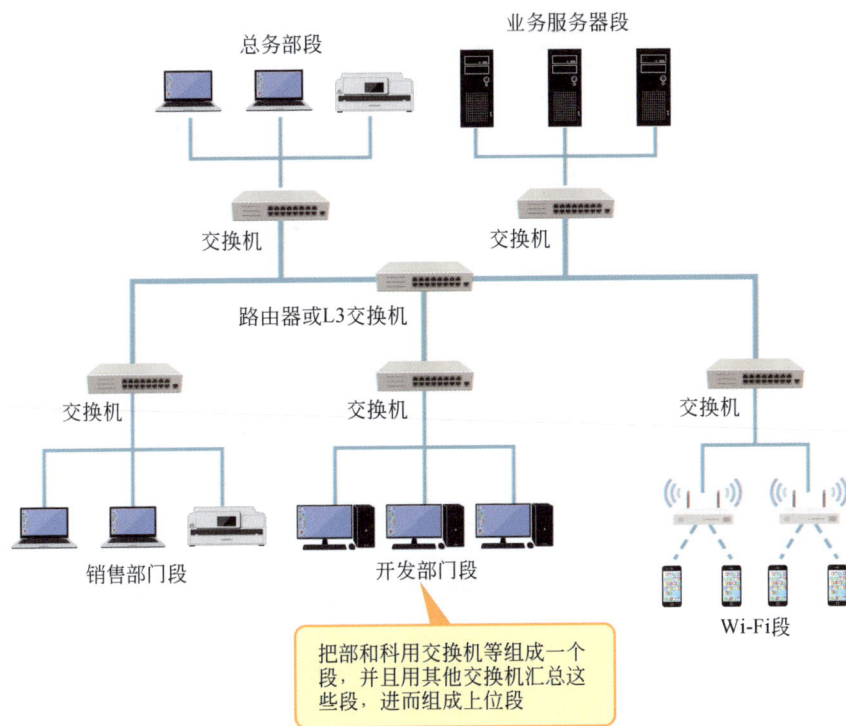

图 3.16 典型局域网配置示意图

提 示

- 通信量：指在网络上的通信线路中一定时间内流动的数据量。考虑该数据量和数据的种类等选择开关和路由器。L2 交换机的处理快，路由器的处理慢，但是可以根据 IP 地址和分组的种类进行控制。

- 抽象的：如果用 IP 地址管理段的范围和连接设备，则即使不知道与交换机的哪个端口连接、设备的 MAC 地址是什么等下位层的信息（即使抽象），也能够进行网络的设定和管理。
- L3 交换机和路由器的区分使用：L3 交换机功能丰富，等同于路由器。在网络配置方面，用户可能会烦恼是使用 L3 交换机还是路由器。下面列举作为区分使用标准的主要特征。L3 交换机：处理速度(吞吐量)比路由器快；不受数据包内容控制；端口数量多（16~48 个）；用于捆绑 L2 交换机。路由器：处理速度(吞吐量)比 L3 交换机慢；可解释并控制数据包的内容；端口数少；安装在互联网或广域网的边界（边缘）。

3.10 通过路由器中继互联网的网络
——与互联网连接的网络

局域网中的每台设备都不直接与互联网连接。互联网和局域网之间使用路由器或防火墙来提供安全功能和地址转换功能。

☑ 3.10.1　由边缘路由器中继互联网和局域网

要连接互联网，可以使用 ISP 的线路或 IX 或线路运营商的连接服务；由于只有约 43 亿个 IPv4 地址，要为每个公司的所有设备分配这些地址是不切实际的。此外，从安全角度考虑，也不建议使用这种连接，因为互联网上有无数的攻击数据包在飞舞。因此，在典型的局域网中，互联网和局域网之间要安装一个路由器，以分隔内部和外部数据包。然后，路由器充当防火墙，将内部网络和外部网络隔开。有专用的防火墙设备，也有路由器内置防火墙功能的产品。

☑ 3.10.2　安全和地址转换功能是必要的

为了阻止攻击数据包和未经授权的访问，需要使用防火墙等安全功能。防火墙根据 IP 地址信息拦截构成外部威胁的数据包，它还可以参考数据包的协议类型和源端口号来阻止特定的服务或连接。在互联网上飞行的数据包使用全局 IP 地址与边缘路由器和服务器进行交换，还需要通过 NAT 和 NAPT 功能将全局 IP 地址转换为专用 IP 地址，以确保将来自外部的数据包传送到局域网中的每个设备，如图 3.17 所示。

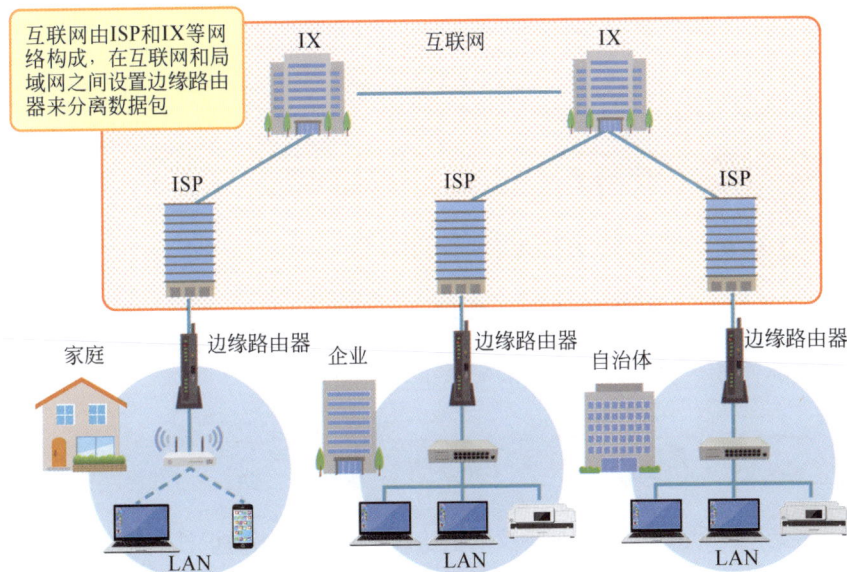

图 3.17　由 ISP、IX 等组成的互联网示意图

提　示

- 攻击数据包：一方出于侦察、破坏、毁坏、盗窃等目的（恶意）而生成和传输的数据包。要识别攻击数据包并不容易，因为仅看协议格式（数据组成规则）无法确定其是否存在恶意。
- 边缘路由器：安装在互联网和局域网之间的边界（边缘），用于组织局域网内外的数据包流量（图 3.18）。

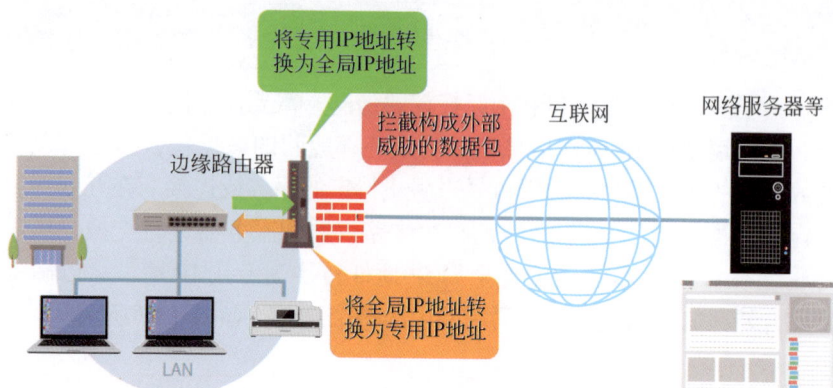

将专用IP地址转换为全局IP地址

拦截构成外部威胁的数据包

互联网

网络服务器等

边缘路由器

将全局IP地址转换为专用IP地址

LAN

图 3.18　边缘路由器的功能

3.11　由移动设备连接到互联网的网络
——利用移动网络的网络

使用智能手机上网的人比使用计算机上网的人多，而且随着物联网设备的普及，移动网络上网的人数也在不断增加。

☑ 3.11.1　移动网络的结构

访问互联网使用第 3 层及以上协议。如果采用协议栈的概念，则第 2 层和第 1 层协议等可以用于任何用途。智能手机电路称为移动网络，它们使用与互联网不兼容的协议进行通信，但共享相同的数据包交换方案。因此，如果数据包的有效载荷封装在协议栈中，就可以将互联网数据包放到移动网络上。具体来说，智能手机应用程序会创建一个互联网数据包，并将其转换为移动网络协议有效载荷。安装在电信运营商移动网络上的互联网网关会处理这些数据包，并将其转发到互联网上。

☑ 3.11.2　通信模块与远程办公网络的连接

游戏机和物联网设备使用接入点连接互联网，但有些产品也可以通过兼容 4G 和 5G 的通信模块连接互联网。通信模块与智能手机和移动电话类似，无线电部分和 SIM 卡与智能手机和移动电话相同，只是没有屏幕和键盘。通信模块集成在车辆的远程信息终端和车载信息娱乐终端中。例如，一些远程工作、远程连接也在使用互联网，此时可以使用互联网 VPN 来提高安全性，如图 3.19 和图 3.20 所示。

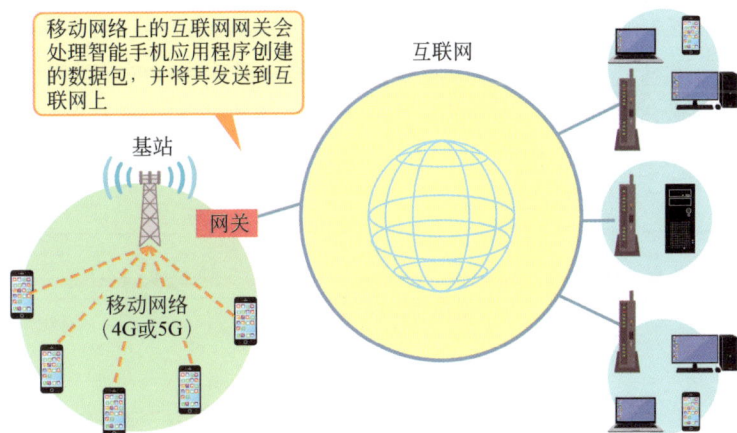

移动网络上的互联网网关会处理智能手机应用程序创建的数据包，并将其发送到互联网上

基站

网关

互联网

移动网络
（4G或5G）

图 3.19　基于移动网络的网络示意图

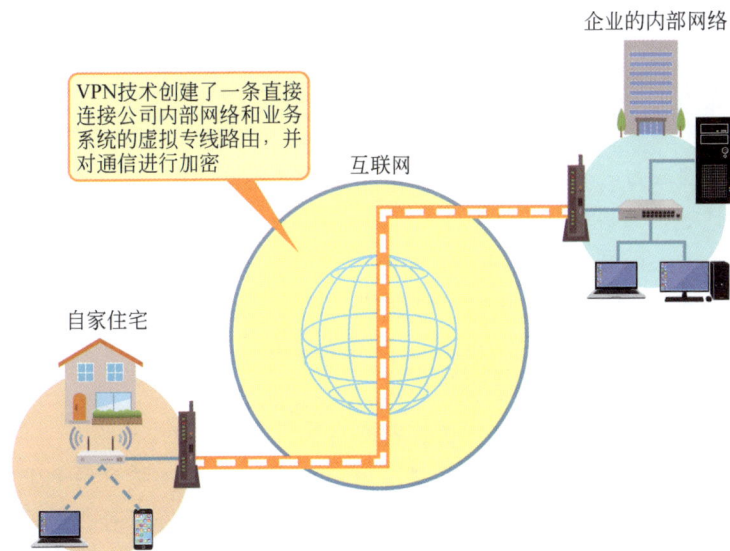

企业的内部网络

VPN技术创建了一条直接连接公司内部网络和业务系统的虚拟专线路由，并对通信进行加密

互联网

自家住宅

图 3.20　基于 VPN 的网络示意图

- 分组交换方式：在移动网络中，语音通话也被数字化，数据以数据包的形式发送和接收。
- 封装：将一个协议的数据、操作程序等合并为一个单元，以便其他协议等处理。
- 互联网网关：将移动网络连接到互联网的网关，每个电信运营商都拥有一个，以便将自己的移动网络连接到互联网。
- 通信模块：带有发射器/接收器的通信终端，可以与已输入合同信息的 SIM 卡和基站进行通信，它可以集成到设备中，没有显示屏或键盘。

专栏 3

互联网的源点：Web 3.0

①从 Web 1.0 到 Web 2.0 的变革

万维网（WWW）是一个在互联网上浏览内容的系统，它是一个使用网络浏览器浏览、使用 HTML 编写网页的地方。公司和组织纷纷建立自己的网站，随后电子商务和信息网站也应运而生，并发展成为一个商业场所，这就是所谓的 Web 1.0。随后出现了网络日志（博客），并由此产生了社交网络服务（SNS）。博客的出现使个人网页与企业和商业网站一样具有可搜索性。一些人认为，从 Web 1.0 到 Web 2.0 的转变是"网络从公司到个人的解放"，但商业实体仍然是公司。个人在网络上赚取收入的基本方式是由公司间接支付，例如通过联盟协议。

②一对一连接终端的区块链的出现

区块链的技术出现并改变了现状。区块链是一种应用 P2P 机制来分散和管理交易数据的系统。比特币等加密资产可视为区块链本身的交易数据，并附带资产价值。由于区块链交易数据是以去中心化的方式管理的，因此不再需要使用企业网站来管理网络上的所有交易，这被视为在 Web 3.0 中形成了一个个人在网络上相互交易的市场。在 Web 1.0 之前的互联网中，没有服务器的个人终端直接连接（P2P）是很常见的，所有连接的节点都是一对一连接的。从这个意义上讲，Web 3.0 可以被视为对 Web 1.0 时代前起源的回归。

第 **4** 章

互联网的构造

　　互联网是一个庞大的网络，它将家庭和企业的局域网与其外部局域网和其他网络连接到一起。在连接方面，ISP 和 IX 等企业开展了互联互通服务。本章介绍互联网的工作原理以及用于连接互联网的协议。

4.1 连接网络之间的广泛网络
——互联网的构造

互联网是一个连接企业局域网、互联网服务提供商和移动网络的广泛网络。路由器扮演着重要角色，它通过将数据包传送到指定目的地进行通信。

☑ 4.1.1　互联网的起源

据说互联网起源于阿帕网（ARPANET）计划，该计划始于 1967 年的分组通信网络研究。阿帕网于 1969 年投入使用，连接了 4 所美国大学和研究机构。"网络"一词从 20 世纪 80 年代后半期开始被使用。因为网络之间是以对等的关系连接的，所以"连接网络之间"的意思被称为"internet"。

☑ 4.1.2　连接网络的互联网原理

路由器是构成互联网的要素中起到重要作用的设备。路由器连接网络，进行数据包的整理，互联网使用路由器连接全球局域网、互联网服务提供商和移动网络。

路由器的基本功能可以概括为：①局域网内的通信不会向外发送；②除了自己的局域网通信以外，不能进入内部；③可以通过路由表或默认网关的设置来传输非局域网通信。此时，将 IP 地址作为自己或自己管理的局域网、转发地址的标识符使用。

在互联网中，所有数据包都由路由器以桶状中继方式传送。每个路由器只有一个与之相连的路由表，但这一基本功能可以确保数据包被传送到准确的目的地，如图 4.1 和图 4.2 所示。

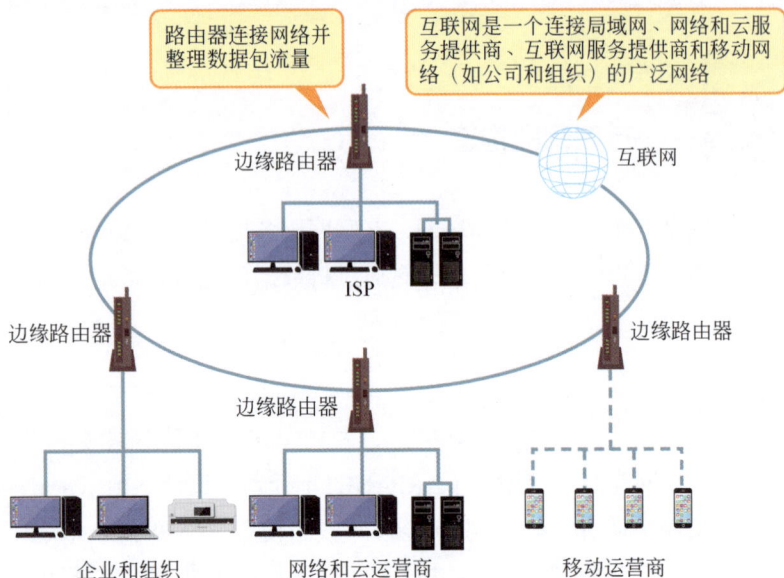

路由器连接网络并整理数据包流量

互联网是一个连接局域网、网络和云服务提供商、互联网服务提供商和移动网络（如公司和组织）的广泛网络

边缘路由器

互联网

ISP

边缘路由器

边缘路由器

边缘路由器

企业和组织

网络和云运营商

移动运营商

图 4.1 连接网络之间的互联网示意图

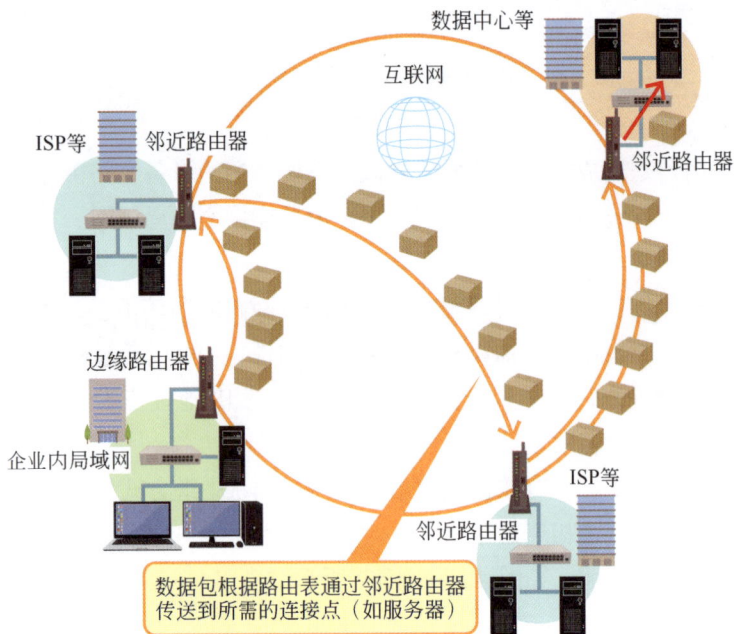

数据中心等

互联网

ISP等 邻近路由器

邻近路由器

边缘路由器

企业内局域网

ISP等

邻近路由器

数据包根据路由表通过邻近路由器传送到所需的连接点（如服务器）

图 4.2 基于互联网的通信示意图

提示

> **提　示**
>
> - 互联网：为了区分作为单词的"Internet"和作为专有名词的"Internet"，"The Internet"的首字母大写。
> - 移动网络：具体来说，它将移动网络与网络末端的每个设备（如计算机和智能手机）连接起来。

4.2 互联网实现各种功能的条款
——互联网协议

　　互联网的基本协议是 TCP/IP。不过，收发电子邮件和浏览网站并不仅仅是通过 TCP/IP 实现的，此外，还有各种基于 TCP/IP 的协议。

☑ 4.2.1　通过查看 IP 地址转发数据包的 TCP/IP

　　TCP/IP 只具有根据 IP 地址转发数据包的功能。虽然有最低限度的错误识别功能和建立会话的功能，但数据包是否发送到目的地以及是否需要重传，都需要由应用程序负责确认。不过，仅靠这些功能很难实现交换电子邮件、访问网络服务器或观看网络视频等高级功能。

☑ 4.2.2　服务协议可以实现更高级别的功能

　　除了交换路由信息和有效传输数据包的协议外，互联网还有用于传输文件、加密通信、搜索域名和 IP 地址、交换电子邮件、访问网站等各种高级协议和服务协议。这些协议可以利用 IP、TCP 和 UDP 实现更高层次的功能。此外，在大型服务和应用中，可能会使用多个服务协议来实现整体功能。

　　服务协议对于实现各种网络应用程序、网络服务和云服务至关重要。许多公认的端口都配有服务协议。服务协议和端口号由管理互联网标识符的 IANA 负责管理各自的分配。每个应用程序和服务确定的端口号也会记载在 RFC 中，如图 4.3 和图 4.4 所示。

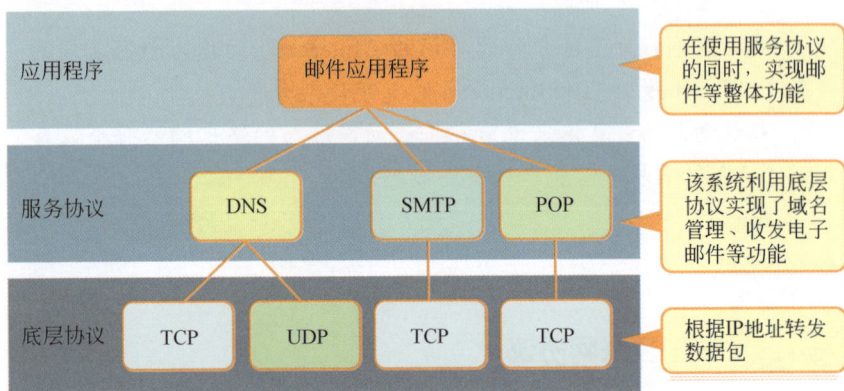

图 4.3　使用 TCP/IP 和服务协议实现应用程序功能

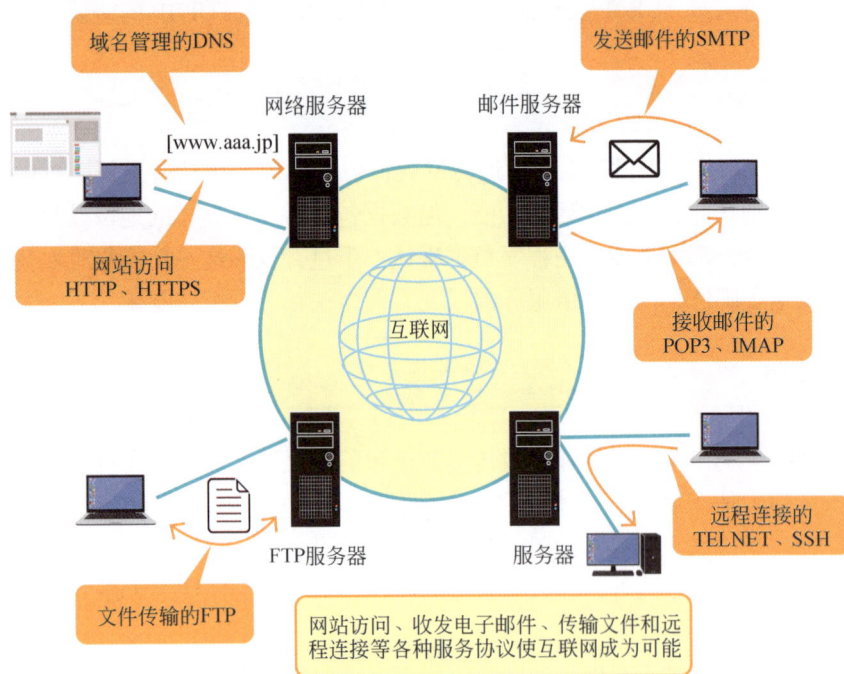

图 4.4　主要服务协议

> **提 示**
>
> • 服务协议：指 TCP、IP、UDP、ICMP 等基本协议以外的协议，也称为应用协议。

4.3 使用 SMTP 或 POP 收发邮件
——收发邮件的构造

互联网上的邮件交换通常利用 SMTP 和 POP 等协议。SMTP 是用于发送邮件的协议，POP 是用于接收邮件的协议。

☑ 4.3.1　通过 SMTP 向目标邮件服务器发送邮件

要发送电子邮件，首先应指定收件人的电子邮件地址，然后将电子邮件发送到公司管理的外发邮件服务器。外发邮件服务器会检查电子邮件地址的域名（@ 右边的字符串），然后将电子邮件发送到目的邮件服务器。电子邮件地址的域名就是目的邮件服务器的名称。SMTP 服务器使用 DNS 获取电子邮件地址域名的 IP 地址信息，如图 4.5 所示。

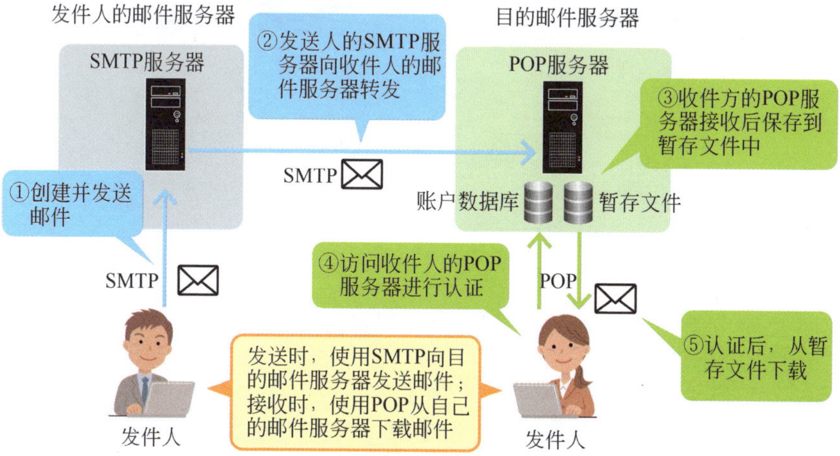

图 4.5　邮件的发送与接收原理

☑ 4.3.2　通过 POP 从邮件服务器接收邮件

接收邮件服务器因使用 POP 作为协议，所以也称之为 POP 服务器，它拥有一个注册用户数据库，以确保将电子邮件发送到准确的目的地。当 POP 服务器收到发往其网域的电子邮件时，它会将电子邮件正文存储在与每个用户 ID 相对应的线轴文件中。为确保只有用户才能阅读电子邮件，当用户访问其电子邮件时，会使用 ID 和密码登录。

使用 POP 时，电子邮件客户端会访问 POP 服务器，如果是被授权的用户，电子邮件就会被下载。此时，下载的电子邮件将从线轴文件中删除；而使用 IMAP 时，电子邮件由服务器管理，不会从线轴文件中删除，如图 4.6 所示。

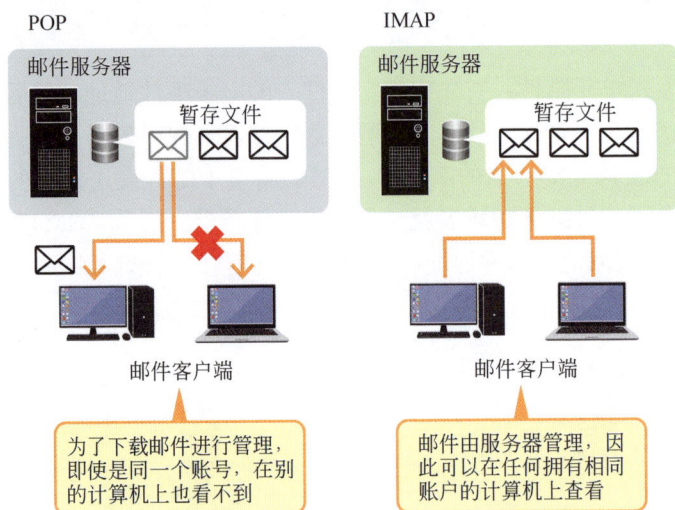

图 4.6　POP 和 IMAP 的区别

提　示

• 域名：用于网站和电子邮件地址的"互联网地址"标识符，可以使用服务器名称进行管理，使人们更容易处理 IP 地址。
• 用户 ID：用于识别电子邮件来源或目的地的 ID，也称为账户。

- 暂存文件：暂时存储在服务器上供以后处理的文件。
- IMAP：是 Internet Message Access Protocol（互联网消息访问协议）的缩写，是一种接收电子邮件的协议。它在邮件服务器上管理邮箱中的电子邮件，用户可以从服务器下载和查看电子邮件。
- 邮件协议安全：电子邮件协议中几乎没有安全功能。只要收件人是正确的，无论创建者是谁，发件协议都会将电子邮件视为合法邮件。因此，SMTP 和 POP 无法防止欺骗或垃圾邮件。有一些协议扩展和附加功能，如 SMTP 的发件人身份验证和发送前加密。不过，所有这些都是辅助性的，需要添加到邮件服务器、邮件客户端等中，安全邮件协议和机制的普及尚不完善。

4.4　网络服务器和网络客户端的通信
——浏览网页的构造

互联网可以说是一个使用基础设施技术和相关协议的庞大服务网络，网络服务器和网络客户端通常用于查看和处理信息。

☑ 4.4.1　构成 Web 的基础设施技术

"Web"一词准确地说是指万维网（World Wide Web）。网络的模型是客户端服务器型，TCP/IP、HTTPS 和 DNS 用作基础设施技术。

网络由网络服务器、被称为网络浏览器的网络客户端、HTML、JavaScript、PHP、Java 等语言、SQL 等数据库、XML（数据结构和属性描述）和 REST API（应用程序之间的合作规则）组成。当然，网络服务器和网络客户端也必不可少，但并不局限于此。这些基础设施技术可以实现各种功能和服务，如企业网页、在线会议服务、视频流服务和AWS。

☑ 4.4.2　Web 的基本工作原理

　　早期的 Web 是一种学术论文和提供其他信息的浏览服务，由网络服务器和网络客户端组成。论文包括文本、数学公式、图表和图像。网络的工作原理是将 HTML 格式的文档存储在网络服务器上，然后由网络客户端（网络浏览器）通过互联网访问网络服务器，并在屏幕上显示文章页面。网络浏览器用于在屏幕上显示论文页面。目前，网络服务器使用 Apache、IIS 和 NGINX，网络浏览器使用 Google Chrome、Microsoft Edge、Safari 和 Mozilla Firefox，如图 4.7 和图 4.8 所示。

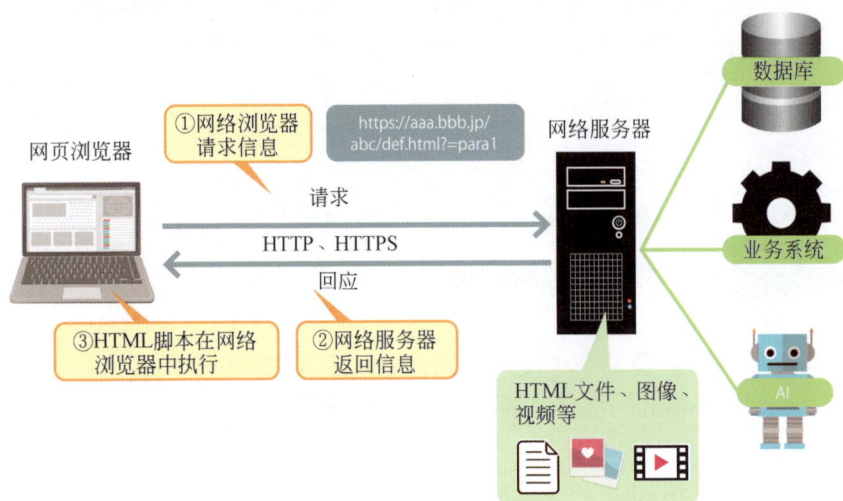

图 4.7　网络浏览器和网络服务器之间的交互示意图

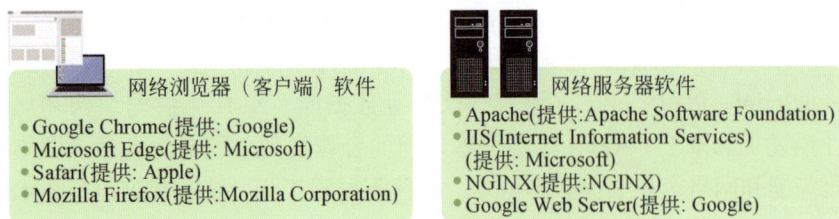

图 4.8　主要网络浏览器和网络服务器软件

> **提　示**
>
> - 基础设施技术：互联网的物理基础设施是电信运营商、以太网和各种网络设备的线路，但 TCP/IP 等基本协议以及 DNS 和 HTTPS 等服务协议有时也被称为基础设施。
> - HTML：HyperTextMarkup Language 的缩写，用于描述网页的语言，由万维网联盟（W3C）标准化。
> - 信息浏览服务：该系统的原型是一个用于浏览全球学术论文和其他论文的系统。
> - HTTPS 安全：由于网站会处理各种个人数据，因此需要安全通信，建议在网络协议中使用 HTTPS 进行加密通信。主要的网络浏览器，如谷歌 Chrome 浏览器，会对非 HTTPS 通信显示警告画面，或不能直接连接，而且许多网站正在转向 HTTPS 化。在 HTTP 中，可以直接传输有效载荷，但是会将其加密并传输。HTTPS 通信过去只在有限的情况下使用，如输入银行卡详细信息，但现在的趋势是在所有通信中使用 HTTPS。

4.5　识别互联网位置的标识符
——URL/URI

　　URL 是网络和服务器的标识符，对使用网络至关重要。域名用于指定网络和服务器，HTTP 和 HTTPS 用于协议。

☑ 4.5.1　标识网络位置或名称的 URL

　　简而言之，URL（Uniform Resource Locator）指定了一种用于识别互联网上的服务器、数据（资源）等的描述方法。与 URL 类似的术语还有 URI 和 URN。URL 表示该对象的保管场所，URI 和 URN 分别是描述资源位置和名称的条款。

☑ 4.5.2　用于指定位置的 URL 结构

URL 可以识别互联网上的某个位置。互联网上的位置是指哪个网络、哪个服务器和哪个文件等信息；还可以指定其他变量，如要使用的协议或具有任意值的变量。域名通常用于指定网络和服务器。协议作为保留字注册，如 HTTP、HTTPS、FILE、DATA 等。

- 方案：指定访问位置的协议。
- 权限：以"//"开头，用以下元素指定位置。
- 用户信息：用户 ID、账户等。
- 主机信息：服务器域名。
- 端口信息：要访问的端口号。
- 路径：指定服务器中的文件路径，以"/"分隔。
- 查询：将"?"后面的字符串指定为变量或命令，有主动参数和被动参数这两类参数。
- 片段：网络浏览器处理的信息作为服务器的响应或标志，也称为锚点。

URL 的基本结构如图 4.9 所示。

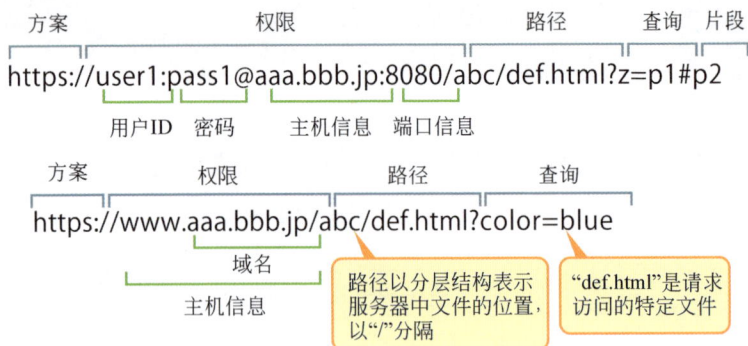

图 4.9　URL 的基本结构

查询种类的情形下如图 4.10 所示。

无源参数的情形下如图 4.11 所示。

有效参数　　　　　　　　　　　　　查询

https://www.aaa.bbb.jp/abc/def.html?color=blue

显示的网页内容会根据查询中指定的数据发生变化

使用"="设置每个项目的值

图 4.10　查询类型（2）

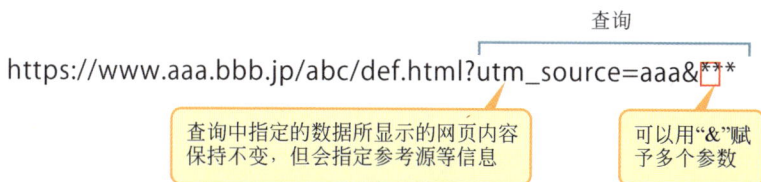

查询

https://www.aaa.bbb.jp/abc/def.html?utm_source=aaa&***

查询中指定的数据所显示的网页内容保持不变，但会指定参考源等信息

可以用"&"赋予多个参数

图 4.11　查询类型（3）

Google 分析参数的实例如表 4.1 所示。

表 4.1　Google 分析参数的实例

参　　数	内　　容	查询描述示例
utm_source	引用源介质	?utm_source=aaa
utm_medium	媒体的种类	?utm_medium=aaa
utm_campaign	广告活动名称	?utm_campaign=aaa
utm_content	广告内容	?utm_content=aaa
utm_term	广告关键词	?utm_term=aaa

提　示

- 资源：网络上的服务器及其内部数据、应用程序和功能统称为资源。
- URI：Uniform Resource Identifier（统一资源接口）的缩写。URI 的规章由 RFC 规定。用于该标记的 HTTPS 等保留字由 IANA 管理。

- URN：Uniform Resource Name（统一资源名称）的缩写。
- 保留字：开发人员无法定义和使用的字符串，如 URI 方案名称中的 HTTPS 或 FILE，以及为每个 Web 浏览器、网络服务器或操作系统唯一定义的字符。
- HTTP 和 HTTPS 以外的方案：在指定 URL 时，方案中只使用 HTTP 和 HTTPS。但是，如果指定了 FILE，则权限描述为运行网络浏览器的本地主机（计算机），路径规范指的是该计算机硬盘上的文件。

4.6 网络交互协议
——HTTP/HTTPS

在网络上，信息是通过 HTTP 和 HTTPS 协议进行交换的，这两个协议增强了 HTTP 的安全性，并对数据包有效载荷进行了加密。

☑ 4.6.1　用于网络通信的 HTTP

网络是以客户端服务器方式实现的。因此，一般的交互过程是，网络浏览器首先向网络服务器发送请求，要求显示该网页，请求中的信息用 URL 表示。服务器收到请求后，返回相应的 HTML 文件作为回应（回复）。这种交换使用的协议就是 HTTP 和 HTTPS。

☑ 4.6.2　网络浏览器功能可减少通信浪费

HTTP 使用 TCP 作为从属协议来建立会话。不过，网络浏览器和网络服务器的每个请求和响应都是相互独立的，无论来回交换如何，都会得到处理。这种类型的通信称为无状态通信。在这种通信方式中，每次交换都是独立的，没有任何依赖关系，而且每次传输的都是同一个 HTML 文件，即使重复请求显示同一个网页也是如此。HTTP 通信之所以是无状态的，是因为网络服务器必须处理来自数量不确定的网络浏览器的请求，并且必须维护每个连接的状态，因此很难为每个连接维护状态；另一方面，重复传输相同的 HTML 文件也是一种浪费。这个问题可以通过网络浏览器的功能来解决。通常，网络浏览器都有一个缓存功能，用于保存访问过的网页信息（HTML 文件）。如果网页在第二次和以后的访问中没有更新，则可以使用缓存文件，绕过服务器访问，如图 4.12 所示。

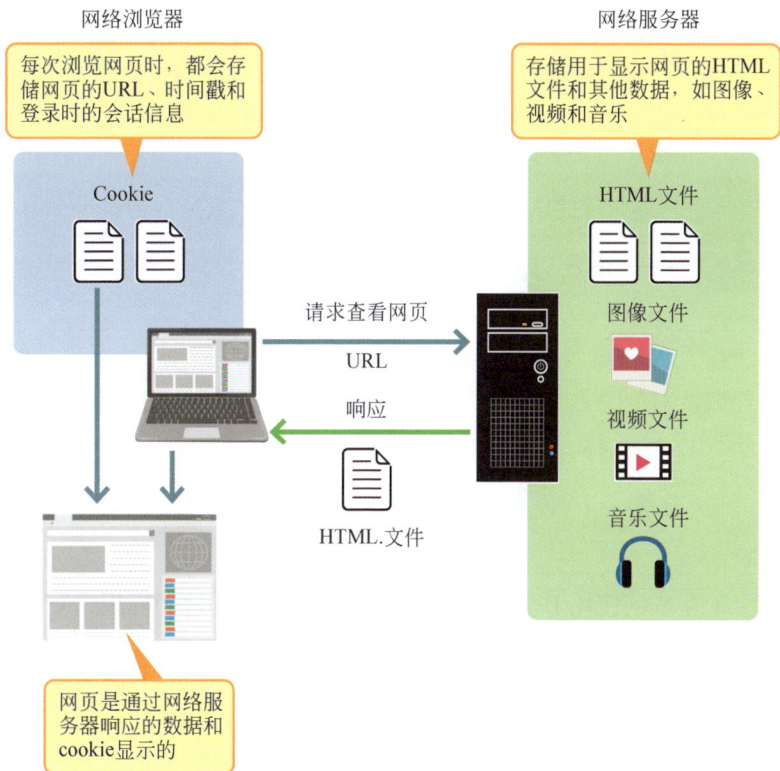

网络浏览器

每次浏览网页时，都会存储网页的URL、时间戳和登录时的会话信息

Cookie

请求查看网页
URL

响应

HTML.文件

网页是通过网络服务器响应的数据和cookie显示的

网络服务器

存储用于显示网页的HTML文件和其他数据，如图像、视频和音乐

HTML文件

图像文件

视频文件

音乐文件

图 4.12 网络浏览器和网络服务器功能示意图

提 示

• HTTPS：一种安全通信协议，结合了 HTTP 和 SSL/TLS 加密协议。以前，HTTP 和 HTTPS 是分开使用的，但现在原则上使用加密的 HTTPS 进行通信。

- 高速缓存：访问网页后，将网页数据暂时存储在计算机中的功能。
- 实现有状态功能的cookie：网络浏览器还有记忆上次访问的网页或保持登录状态的功能。这些功能称为有状态功能（stateful）。在无状态（stateless）的HTTP(S)通信中，之所以能实现有状态功能，是因为网络浏览器会在计算机上存储一个称为cookie的工作文件，其中包含登录时生成的URL和以前访问过的网页的时间戳，以及在登录时生成URL和时间戳，网络服务器也可以使用cookie跟踪和分析网站访问者。

4.7 管理域名和IP地址的构造 ——DNS

DNS（Domain Name System）是管理域名和IP地址的对应表的系统。管理该对应表数据库的服务器称为DNS服务器，数据库分布在多个服务器上，这些服务器之间相互通信、相互管理。

☑ 4.7.1　易于处理IP地址的域名

由于互联网使用IP，IP地址是唯一能识别目的地的标识符。但是，IP地址看起来只是一串数字，人们很难处理。

域名的设计初衷是为了让人们能够通过易于处理的"服务器名称"来使用互联网，DNS负责管理域名和IP地址之间的关系。域名是在每个组织的任意服务器名称上添加的组织名称、地区、属性（如公司、学校、国家等）等层次信息，同时也用于表述URL的管理权限。

☑ 4.7.2　域名、IP地址和管理方法

集中管理全球域名和IP地址对应表是不现实的。DNS将此对应表的数据库分布在多个DNS服务器上进行管理。在数据库中，域名和IP地址

通常作为区域进行管理，服务器之间相互通信并共享数据库内容。保留此区域信息的服务器称为权威 DNS 服务器或名称服务器。在 DNS 中，局域网中的 DNS 服务器在响应客户端的 IP 地址查询时，如果知道域名，就会查找 IP 地址并直接提供给客户端；如果不知道，就会查询可能知道该域名的 DNS 服务器。处理查询的程序称为解析器。解析器有时包含在 DNS 服务器中，但也有只处理计算机或设备端查询的解析器（存根解析器）。

域名与 IP 地址分散式管理的示意图如图 4.13 所示。

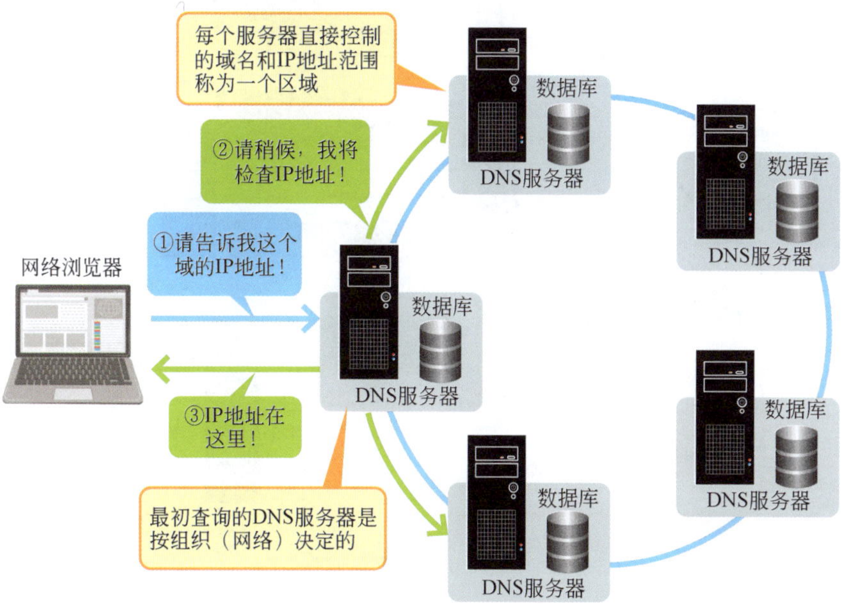

图 4.13　域名和 IP 地址分散式管理示意图

域名解析过程如图 4.14 所示。

提　示

- 区域：DNS 服务器直接管理的域名和 IP 地址范围。
- 权威 DNS 服务器：直接管理区域中主机信息的服务器。DNS 服务器从权威 DNS 服务器获取信息，权威 DNS 服务器回答存根解析器。

> • 查找 IP 地址：DNS 服务器根据域名查找 IP 地址的过程称为域名解析，DNS 服务器在解析域名后还能存储 IP 地址。

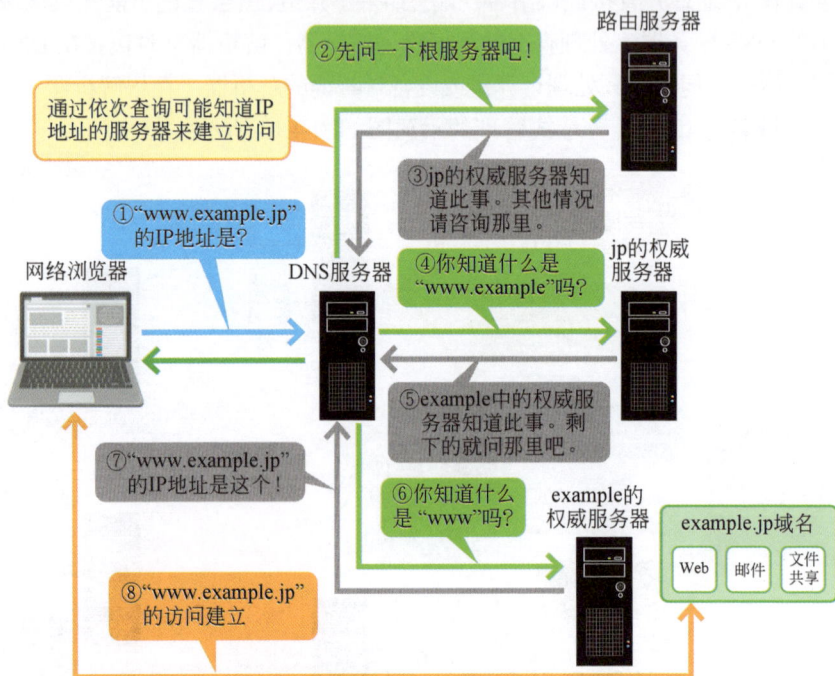

图 4.14　域名解析过程

4.8 检查通信状态的协议
——ICMP

ICMP（Internet Control Message Protocol）规定了在与目标建立连接之前的信息交换和检查数据包是否正确送达，用于通知错误信息和确认通信状态等。

☑ 4.8.1　用于通知路由故障等的 ICMP

　　ICMP 与 TCP 和 UDP 一样，都是互联网的主要协议，它的主要作用是处理失败或在出现故障时通知错误消息。除此之外，ICMP 还用于交换数据所需的预处理、后处理和管理信息，如目的地是否正常响应等。具体来说，ICMP 的用途多种多样，如查询路由器和交换机、在路由器之间交换控制信息、检查目的地是否存在以及主机是否正常运行。因此，ICMP 数据包不仅在局域网内流动，还在路由器之外的互联网上流动。

☑ 4.8.2　ICMP 数据包的结构

　　ICMP 数据包与 TCP 和 UDP 一样，由 ICMP 数据包报头和存储在 IP 数据包中的有效载荷（数据）组成。ICMP 数据包的报头包含指定类型、代码和校验和的字段。ICMP 数据包的有效载荷因类型和代码而异，包含错误信息和要发送的数据（明确是否已收到的数据）。报头字段和有效载荷的大小也因类型和代码而异。类型是指表示数据包的类型（如 ICMP、TCP、UDP）。代码的内容因类型而异，但最常用的是表示类型 3（目的地未送达）原因的代码，如表 4.2 所示。

表 4.2　ICMP 的主要类型

类型	含 义	说　　明
0	echo reply	回声应答：ping 等主机的"死活"确认
3	destination unreachable	无法送达：哪个路由器已到达或哪个端口空闲
5	redirect	指定默认网关以外的路由
8	echo request	回声应答：ping 等主机的"死活"确认
11	time exceeded	因数据包通过的路由器数量超过指定数量而丢弃数据包（抑制无限循环和 ping-pong（长连接）数据包）

　　ICMP 类型 3 的主要代码含义如表 4.3 所示。

表 4.3　ICMP3 的主要代码

类型	含　义	说　明
0	network unreachable	目标路由器故障
1	host unreachable	目标服务器故障
3	port unreachable	无可用端口
4	fragmentation needed and DF set	未获得使用片段
6	destination network unknown	路由表中未设置目标
13	communication administratively prohibited by filtering	受阻

ICMP 包的配置示意图如图 4.15 所示。

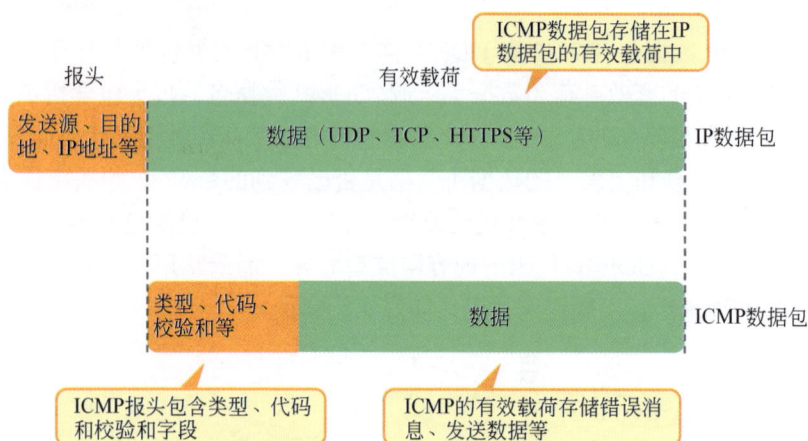

图 4.15　ICMP 包配置示意图

提　示

- 错误信息：当通信过程中出现故障时，由通信路径上的节点通知发送者的信息。例如，目的地不可达（未到达目的地）和重定向（路由改变）。

- 校验和：为了调查数据包的数据是否有乱码等而赋予的符号。以发送数据为基础进行特殊计算的结果（校验和），与数据一起发送。在目的地，用收到的数据进行相同的计算，如果与赋予的校验和一致，则认为没有错误。
- 可变长：长度不固定。报头和有效载荷的长度取决于数据包的类型和其他因素。

4.9 远程登录服务器的协议
——TELNET

TELNET 是用于从终端远程登录服务器的协议。远程登录是进行服务器管理和网络管理的不可缺少的功能。

☑ 4.9.1　用于操作服务器的 TELNET

TELNET 是一种从终端计算机远程登录服务器的协议。TELNET 协议在终端和服务器之间交换文本数据（文本信息）。虽然不能使用鼠标和其他设备，但可以使用键盘和显示器执行操作系统操作和网络设置。TELNET 还可以用于配置第 3 层以上的网络设备（路由器、L3 交换机、防火墙等）。TELNET 也使用了客户端服务器模式。TELNET 服务器程序必须在服务器端运行，而终端则需要一个 TELNET 客户端的应用程序。在 Linux、macOS 等系统中，TELNET 服务器始终作为后台进程（通常名为 telnetd）运行。客户端应用程序称为终端软件，通常命名为"TELNET"。

☑ 4.9.2　基于 TELNET 的连接问题

对于 TELNET，应指定要连接的服务器名称（主机名）或 IP 地址。

如果端口（TCP23）空闲，则接受连接并在屏幕上显示登录提示。在此屏幕上输入用户 ID 和密码以登录服务器。不过，TELNET 没有数据包加密功能，登录后，命令操作的信息将以纯文本的形式在网络上传输。由于这一安全问题，现在已不再使用 TELNET，而改用允许加密通信的 SSH，如图 4.16 和图 4.17 所示。

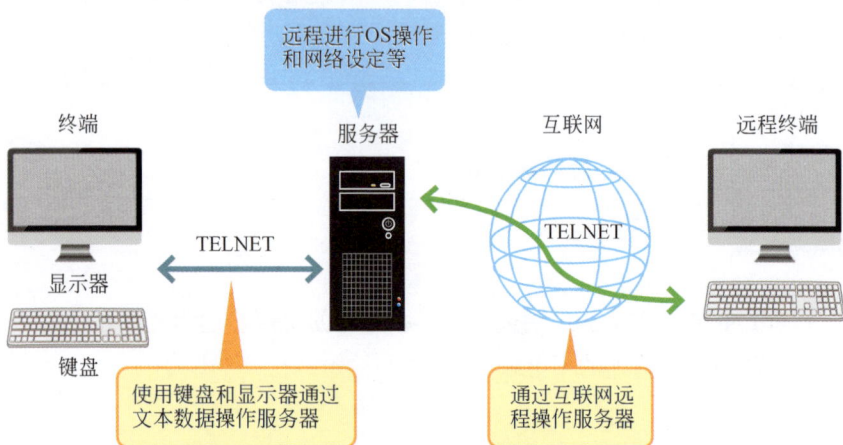

图 4.16　使用 TELNET 远程登录示意图

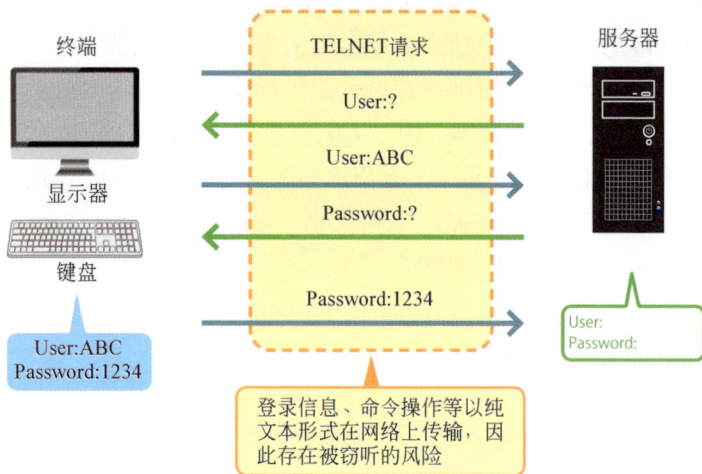

图 4.17　TELNET 的接续问题

提　示

- 远程登录：通过网络登录远程计算机或服务器等。
- 第 3 层及以上网络设备：第 3 层及以上的网络设备具有服务器功能，可以配置 TELNET。某些产品内部运行 Linux。
- 后台程序：用户看不到的程序，在内部运行，如在计算机或服务器上。
- 登录提示：屏幕显示提示用户输入登录所需的验证信息（用户 ID 和密码）。

4.10 加密远程连接协议
——SSH

SSH（Secure Shell）是一种远程登录协议，用于替代存在安全问题的 TELNET，它使用公钥加密技术，用公钥和私钥对通信进行加密，以确保远程连接的安全。

☑ 4.10.1　公开密钥加密法的原理

HTTPS 和 SSH 使用公钥加密法进行加密通信。

在普通加密技术（对称密钥加密技术）中，双方共享相同的密钥（公钥），但公钥加密技术使用两个密钥，即公钥和私钥。公开密钥加密技术中的两个密钥总是正确配对使用。公钥是在网络上公开的密钥，即使存在公钥和密文，如果没有与之配对的私钥，也无法解密。基于这种机制，发送方通过公钥加密的数据只能在持有私钥的收件人处解密，从而实现加密通信。公开密钥加密技术也适用于数字签名。

☑ 4.10.2　SSH 加密法的原理

SSH 根据生成和共享加密密钥的方法，可以分为 SSH1 和 SSH2 两种类型。

在 SSH1 中，客户端使用从服务器接收的公钥生成加密的公钥（与成对的私钥不同），并将该加密的数据发送给服务器。服务器用其本身的私钥对从客户端接收到的数据进行解密，生成公钥，并用公钥对后续通信进行加密。服务器用自己的私人密钥解密从客户端收到的数据，生成公钥，并用公钥加密后续的通信。SSH2 采用迪菲·赫尔曼密钥共享的方式，这是一种双方生成私钥和公钥，交换公钥后，一边用私钥和公钥进行特殊计算，一边将得到的相同计算结果作为通信用的公钥的方法。HTTPS 的加密通信也通过这种方式进行密钥生成，如图 4.18 和图 4.19 所示。

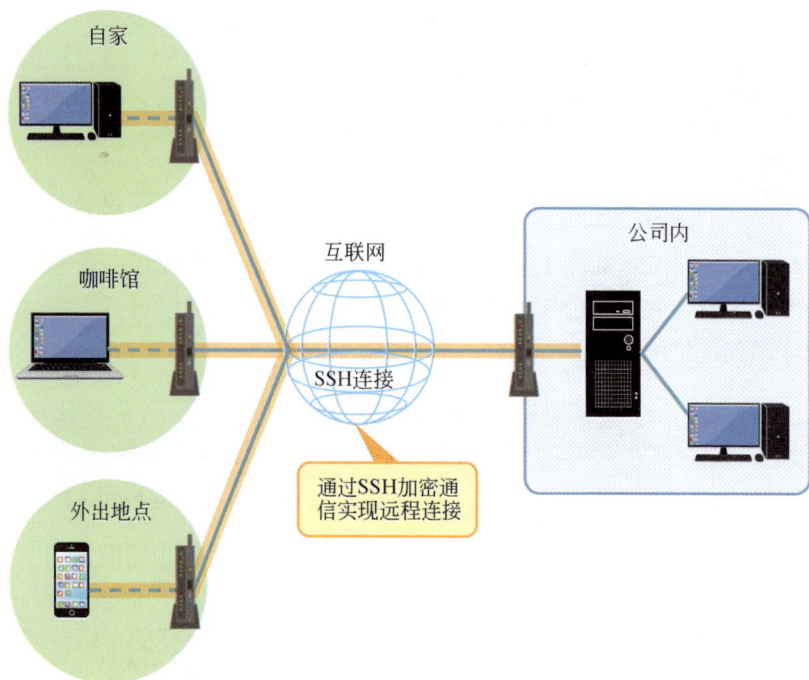

图 4.18　SSH 的远程连接示意图

提　示

- 解密：将加密数据转换回原始数据（明文）的操作。
- 数字签名：一种应用加密技术来证明数据发送者的合法性和存在性以及数据未被篡改的技术。

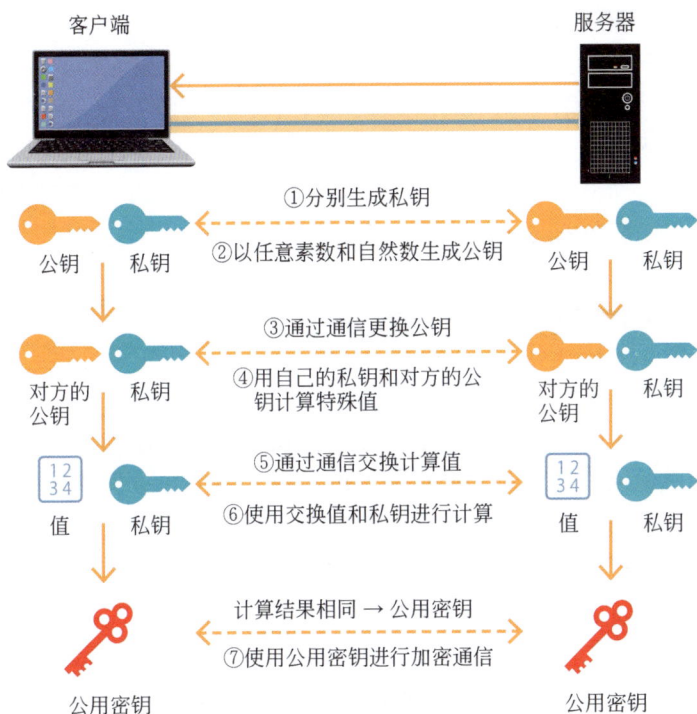

①分别生成私钥

②以任意素数和自然数生成公钥

公钥   私钥   公钥   私钥

③通过通信更换公钥

④用自己的私钥和对方的公钥计算特殊值

对方的   私钥   对方的   私钥
公钥   公钥

⑤通过通信交换计算值

⑥使用交换值和私钥进行计算

值   私钥   值   私钥

计算结果相同 → 公用密钥

⑦使用公用密钥进行加密通信

公用密钥   公用密钥

图 4.19　迪菲·赫尔曼密钥共享方式的加密通信示意图

4.11　收发文件的协议
——FTP

　　FTP（File Transfer Protocol）是一种在主机之间或客户端与服务器之间交换文件的协议，它用于访问网络上的存储和其他资源。

☑ 4.11.1　文件传输功能和安全问题

　　FTP 是一种用于发送和接收文件的协议，在网络、文件服务器和其他机制出现之前就已开始使用。客户端登录 FTP 服务器时，可以下载服务器上的文件，也可以上传客户端的文件。

要访问 FTP 服务器，客户端需要在 FTP 服务器上创建一个账户，并用该账户登录。FTP 服务器也用于免费软件和开放源码软件（OSS）发布网站，有一种名为 Anonymous FTP 服务器的服务允许用户在没有账户的情况下登录。需要注意的是，FTP 和 TELNET 一样，不会对登录过程进行加密。因此，FTP 已被允许加密通信的 SCP 和 SFTP 等协议以及相应的服务器或客户端程序所取代。

☑ 4.11.2　主动和被动传输模式

FTP 有用于管理会话的控制端口（TCP21）和用于文件传输的数据端口（TCP20）这两个端口。数据端口最初用于服务器之间的文件传输，与客户端的文件传输可以使用任意的端口。将 TCP20 用于数据端口的模式称为主动模式，将任意（一般为 30000 以上的数字）端口协商的模式称为被动模式。将控件和数据端口分开是为了在文件传输过程中进行中断等管理，如图 4.20 和图 4.21 所示。

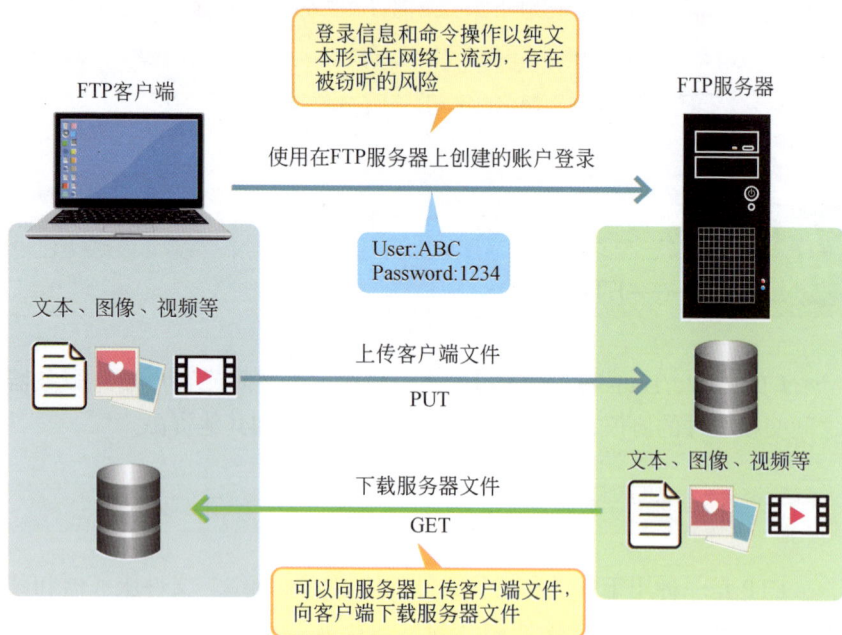

图 4.20　FTP 基本工作原理示意图

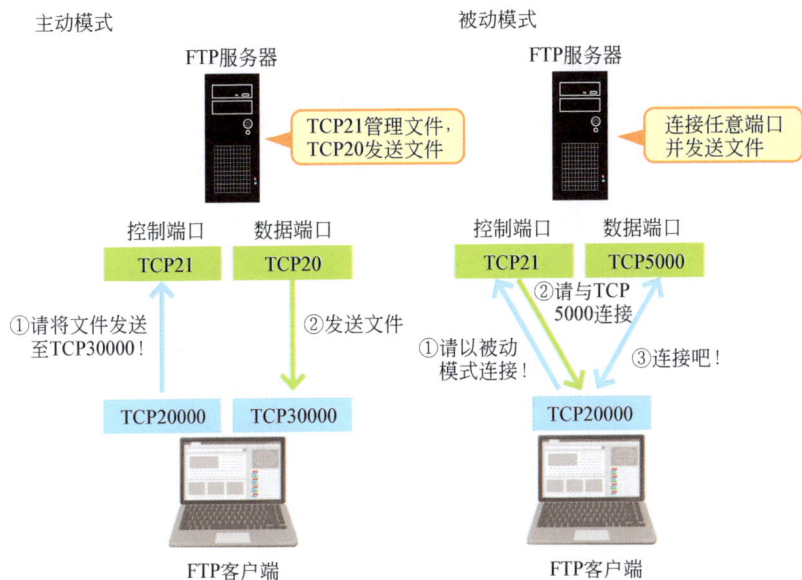

图 4.21　主动模式与被动模式的区别

> **提　示**
>
> - FTP 服务器：使用 FTP 发送和接收文件的服务器或软件。
> - SCP：Secure Copy Protocol 的缩写，一种改进 FTP 安全问题的协议，通过加密通信传输文件，使处理和通信更加安全。
> - SFTP：SSH File Transfer Protocol（文件传输协议）的缩写，与 SCP 一样，是提高 FTP 的安全性，通过使用 SSH 的加密通信进行文件传输的协议。
> - 协商：在与服务器进行通信时，为了能够恰当地进行通信，应确立连接的端口号等条件和步骤。

4.12 网络时间协议

——NTP

NTP（Network Time Protocol）是一种在主机之间同步时间的协议，

它定期同步计算机、服务器和其他设备的内部时间，以便世界各地的主机可以根据相同的时间进行通信。

☑ 4.12.1　同步计算机中时间的 NTP

计算机和服务器都有内部时钟，用于为文件打上时间戳，并作为日志文件中的时间信息。不过，这些时钟会有误差，并非所有计算机都能正确设置。NTP 是一个非常重要的协议，它可以使互联网上的所有服务时间（内部时钟）同步，包括银行交易和证券交易服务器、全球兼容的电子商务网站、工厂控制设备等。

NTP 服务器响应客户端的查询，提供当前时间。客户端根据该时间数据设置其内部时钟，NTP 服务器则根据全球定位系统或由不同国家维护的标准时钟（如原子钟或分子钟）提供的时间信息做出响应。

☑ 4.12.2　分层排列的 NTP

时间同步在当今的互联网中非常重要，对 NTP 服务器的查询量也非常大。因此，NTP 服务器在国家和大学等管理的接近标准时间的服务器下分层配置。位于层级顶端的服务器称为层级 1，在层级 1 之下，层级 2 和层级 3 的 NTP 服务器分支连接。

随着层级的深入，时间误差会不断累积，但第 2 层及以下层级会对这些误差进行修正。在日本，国家信息与通信技术研究所（NICT）负责管理确定标准时间的原子钟，如图 4.22 所示。

提　示

- 时间戳：操作系统为文件和其他对象提供的创建、更新、访问等时间信息。
- GPS：全球定位系统（Global Positioning System）的缩写，是一种通过接收来自 4 颗或更多卫星的无线电波来确定终端位置（经度和纬度）的技术。

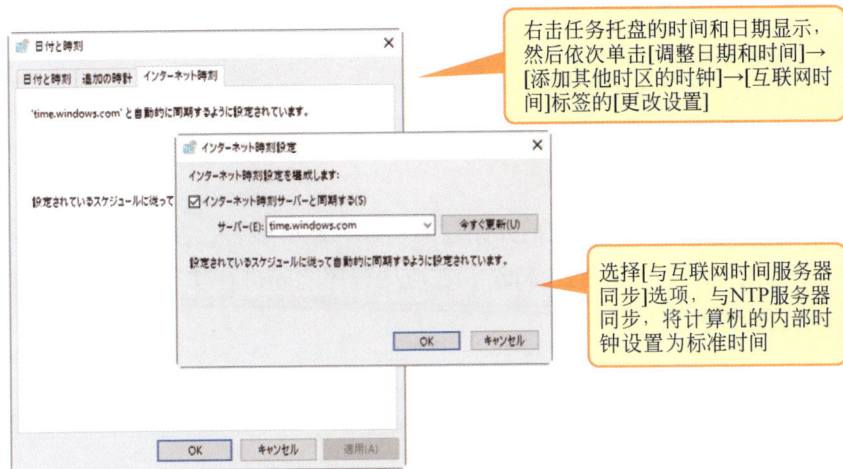

图 4.22　NTP 服务器的设定画面（Windows 10）

右击任务托盘的时间和日期显示，然后依次单击[调整日期和时间]→[添加其他时区的时钟]→[互联网时间]标签的[更改设置]

选择[与互联网时间服务器同步]选项，与NTP服务器同步，将计算机的内部时钟设置为标准时间

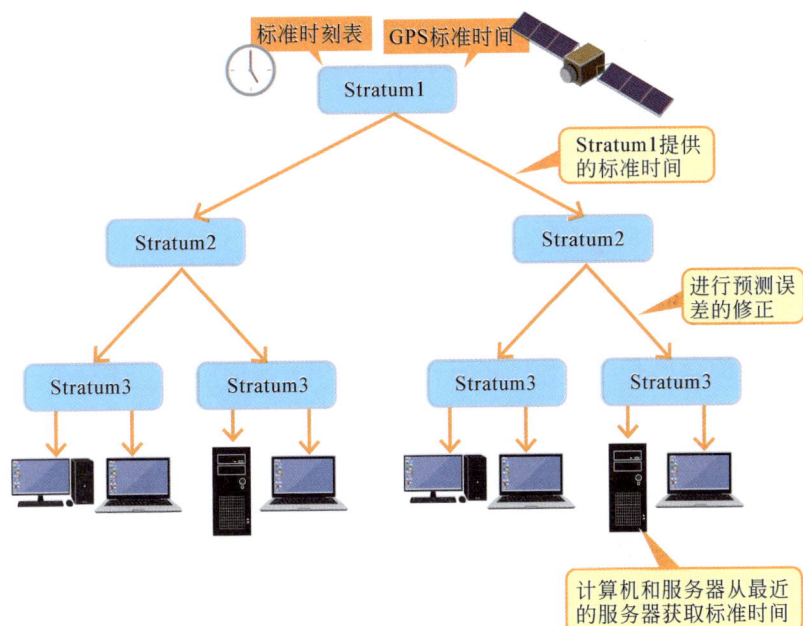

标准时刻表　GPS标准时间

Stratum1

Stratum1提供的标准时间

Stratum2　Stratum2

进行预测误差的修正

Stratum3　Stratum3　Stratum3　Stratum3

计算机和服务器从最近的服务器获取标准时间

图 4.23　NTP 服务器配置示意图

4.13 其他网络技术和协议
——Ajax/REST API

网络技术和协议除之前介绍过的以外，还有很多。在此，对在响应完成之前进行其他处理的 Ajax 和在应用程序之间进行功能调用的 REST API 进行说明。

☑ 4.13.1　Ajax 在等待通信时执行其他处理

网络服务器通过 HTML 格式的网页数据来响应网络浏览器的请求。在数据准备就绪之前，网络浏览器不会执行任何其他处理，这种通信方式称为同步通信。如果可以在所有响应完成之前执行其他处理或提出额外请求（异步通信），则可以有效利用等待时间。为此，必须减少响应中的数据交换量。Ajax 只需要交换 XML 格式的必要数据，即可实现异步通信。网络上的滚动地图、社交网络时间轴显示以及游戏式响应网页都是通过 Ajax 实现的。

☑ 4.13.2　用于调用功能的 REST API

REST API 是应用程序之间处理和调用方法的协议。REST API 通常使用 HTTP(S)，并以 HTML、JSON 或 PHP 格式交换处理细节和数据。例如，当网络浏览器调用连接到网络服务器的数据库、业务系统或后端系统的功能时，就会用到 REST API。非网络浏览器应用程序也可以直接向业务系统提出请求和查询。大多数云服务都使用 REST API，在相互协作的同时构建同一种服务。例如，可以让 SNS 彼此合作，也可以通过路径指南应用程序预约酒店和停车位，如图 4.24 和图 4.25 所示。

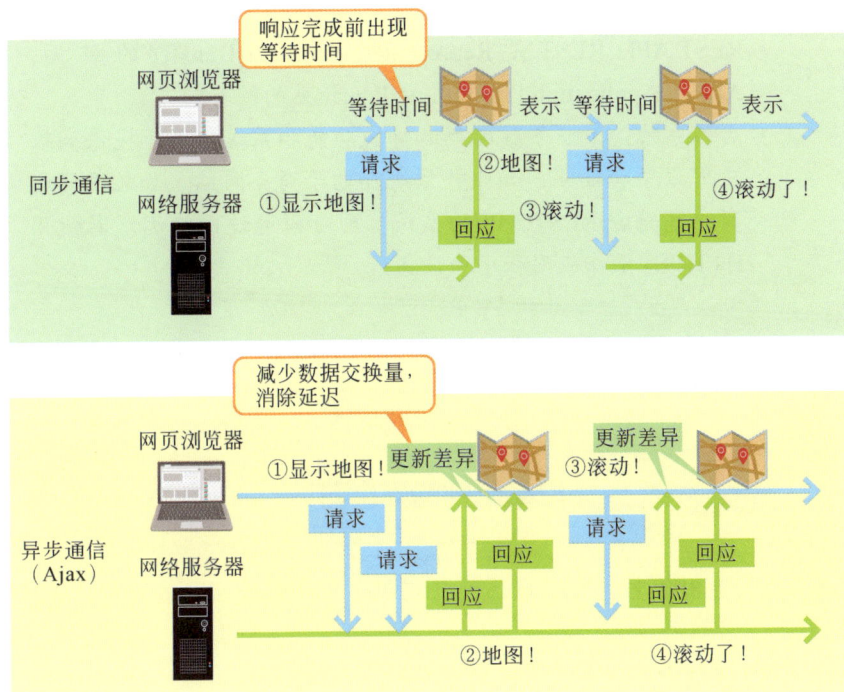

图 4.24　同步通信和异步通信的区别

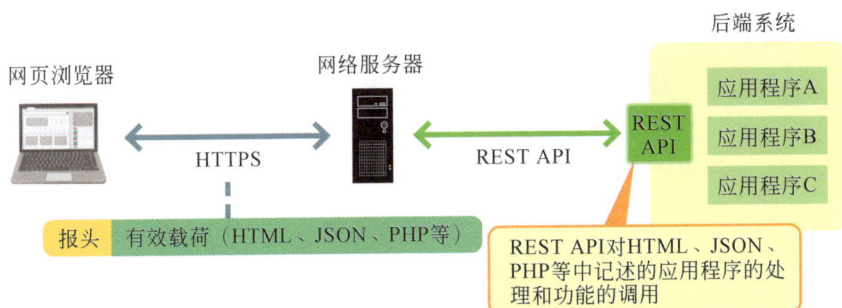

图 4.25　**REST API** 的处理和功能调用示意图

> **提　示**
>
> - XML: Extensible Markup Language 的缩写,是一种通用标记语言, XML 允许用户指定自己的标记，用于嵌入信息的含义和结构。

- REST API：REST 是 Representational State Transfer 的缩写，API 是 Application Programing Interface 的缩写。
- 后端系统：在服务器内部运行的功能和系统，用于提供高级应用程序和服务，如业务系统和电子商务网站。如果设计和实施了符合 REST API 的系统，则可以通过网络浏览器使用 HTTP(S) 操作应用程序和服务。

专栏 4

时常听到的安全对策

安全对策对使用互联网至关重要，下面将介绍一些常见的安全对策。

①杀毒软件无所作为

杀毒软件并不能防止所有的攻击，但如果没有它，受害的风险就会大大增加。不过，应注意网页、电子邮件和其他广告上的病毒检查按钮和"已感染"通知本身很可能就是恶意软件。

②通过 IP 地址识别个人身份

虽然在互联网上只能知道路由器、服务器等的全局 IP 地址，但还是有办法从 IP 地址中识别国家、地址等。IP 地址几乎总是分布在特定地区或国家的范围内，还有一些数据库根据 IP 地址注册信息和接入点信息将 IP 地址与位置信息联系起来。这些数据库可以用来缩小范围，但并不可靠，这是因为 IP 地址可能被转移或出售到了其他国家，而且注册信息并不总是准确的。

③增多密码的字符种类并定期变更

建议密码应混合多种字符类型，包括大小写字母、数字和符号。此外，还应该定期更改密码。虽然这些做法都没有错，但它们并不能提高安全性，反而会给密码的更改和管理带来麻烦。由于密码破解是由程序自动完成的，因此密码的长度会增加破解时间，而不是字符类型的数量。此外，目前还不建议定期更改密码，因为这样做管理起来很复杂，而且还会产生许多负面影响，如促使人们因感觉复杂而不得不使用简单的密码。

第 5 章

云的构造原理

　　云是一种通过互联网连接服务器，使用数据和应用程序的系统。服务器采用虚拟化技术，可以灵活地提供服务。本章将介绍云中使用的技术、云的使用形式以及利用云的服务。

5.1 云的构成要素
——云的构造

"云"表示由联网设备提供的数据、应用程序和服务的基础设施。这个词很难明确定义,但通过云可以获得广泛的功能和服务。

☑ 5.1.1　"云"一词的由来

"云"（cloud）一词来源于"云"的英语单词,这是因为两千年前后在商业和学术研究领域说明互联网时,使用了"云"这一图片。另外,作为线路、通信网、Web 服务的基础、大数据的存储场所来表述互联网时,云可以用来表示边界模糊、实质内容不明确的形象。现在,"云"或"云计算"都用来表述通过互联网使用计算机的一种形式。

☑ 5.1.2　联网设备构成了云

构成云的要素是构成互联网的网络以及与之相连的计算机、服务器和其他设备。在现实世界中,将这些元素汇集在一起的设施或设备就是数据中心。事实上,提供 AWS（亚马逊网络服务）、Microsoft Azure 和 Google Cloud 等主要云服务的平台都是亚马逊、微软和 Google 运营的全球数据中心。因此,构成云的技术与和数据中心的相关技术有相似之处。云由服务器和网络虚拟化、分布式数据库和 SaaS（软件即服务）等技术和使用模式组成,如图 5.1 所示。下面将解释每个术语和相关技术。

> **提　示**
>
> - 数据中心:为运行大量服务器而配备服务器机架、网络线路、电源、空调、防火防震设备等的设施。仅使用这些设施的方式称为"容纳",而连服务器都使用的方式称为"托管"。
> - 平台:这里指的是大型数据中心中大量服务器的基础设施,通过网络提供虚拟服务器环境、软件功能和服务。

- 从 SaaS 到云计算的发展：在使用"云"这个术语之前，SaaS 这个术语用来表述将网络资源作为一种服务来使用。Salesforce.com 是一家商业软件提供商，它开始在服务器上运行客户管理软件，并只向用户提供功能。这个词是在商业软件供应商 Salesforce.com 开展业务后传播开来的，它在服务器上运行客户管理软件，只向用户提供功能。这是一种革命性的使用方式，用户可以通过互联网使用商业软件，而无需自己的服务器。后来，AWS 发布了一个平台，允许用户只使用存储和服务器操作系统环境，而不使用软件。

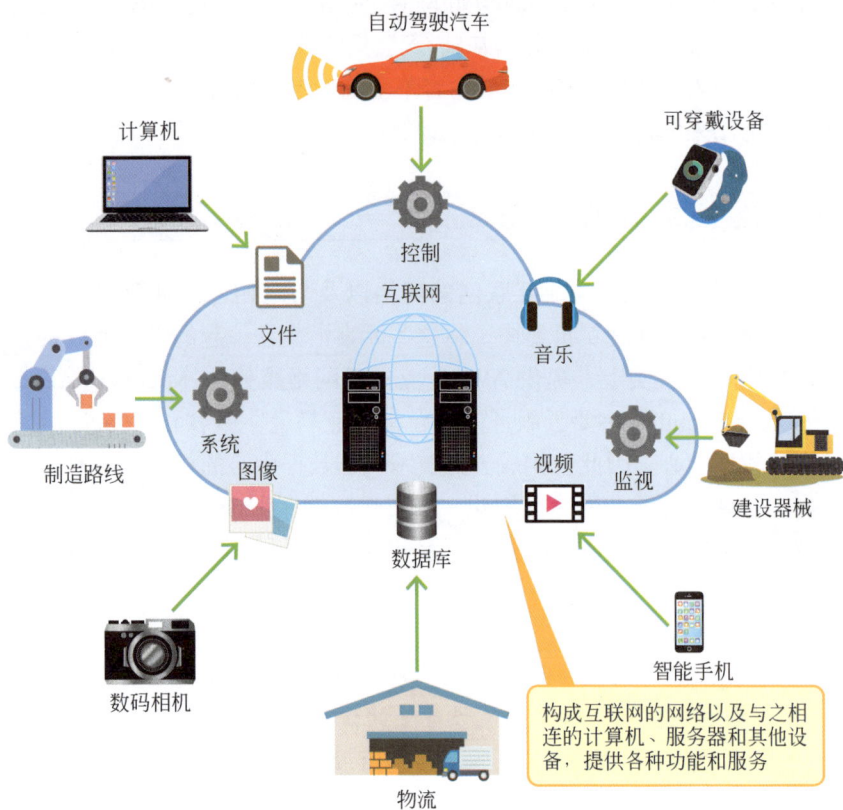

图 5.1　云的构造示意图

5.2 逻辑配置服务器的技术
——服务器虚拟化

云的核心技术是服务器虚拟化，云上的服务器是逻辑配置的，而不局限于物理配置，这允许一台服务器使用多个处理器或操作系统。

☑ 5.2.1　一台服务器配置多个操作系统

服务器虚拟化是一种在单个服务器上逻辑配置多个 CPU 和操作系统的技术，它使用一种称为虚拟机（VM）的技术，当多个操作系统（如 Linux 和 Windows）在一台计算机上共存时，就会使用这种技术，而在服务器上应用这种技术是为了在一台计算机上运行多个操作系统。虚拟服务器可以作为独立服务器使用，因此可以为每种用途（如电子邮件、网络或数据库）配置一个专用服务器。如果用于数据中心的托管（租用服务器），则可以降低为用户分配服务器的成本和效率，这就是云的雏形。在此之前，购买硬件或托管物理服务器很常见。有了基于虚拟服务器的云服务，虚拟服务器可以根据不同的用途进行配置。

☑ 5.2.2　虚拟化的类型

虚拟化有两种类型，即主机操作系统类型和管理程序类型。除此之外，还有一种名为容器的技术。在主机操作系统类型中，虚拟机软件安装在硬件的操作系统（主机操作系统）上，并运行多个操作系统（客户操作系统）。在管理程序类型中，硬件上不需要安装主机操作系统，而是安装管理程序，在管理程序上运行多个虚拟机，如图 5.2 和图 5.3 所示。

托管（服务器租用）

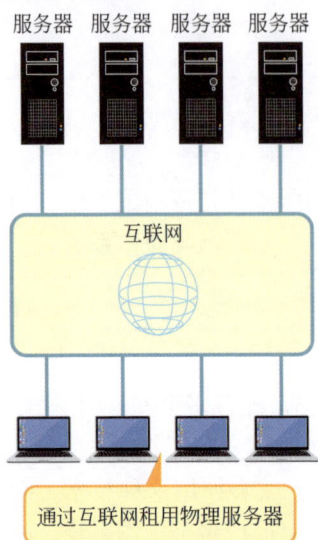

服务器　服务器　服务器　服务器

云

硬件组（数据中心）

CPU　内存　硬盘　系统

虚拟服务器

互联网

互联网

通过互联网租用物理服务器

通过互联网租用逻辑服务器空间

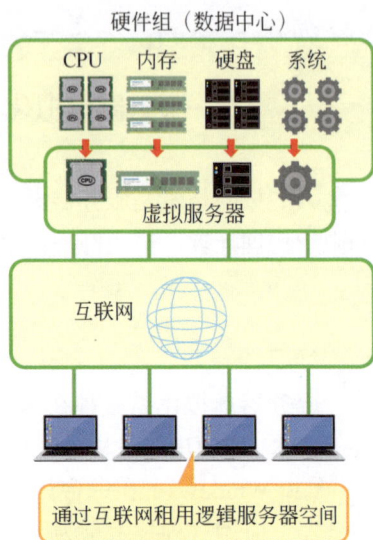

图 5.2　托管与云计算间的区别示意图

主机操作系统型

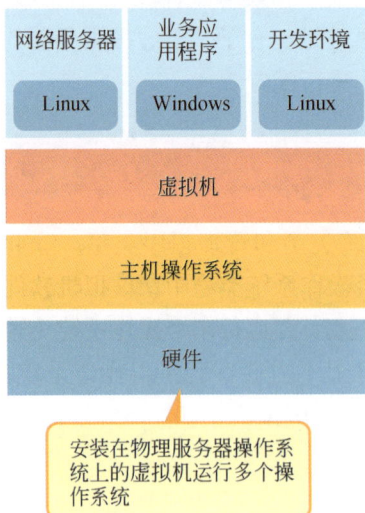

网络服务器	业务应用程序	开发环境
Linux	Windows	Linux

虚拟机

主机操作系统

硬件

安装在物理服务器操作系统上的虚拟机运行多个操作系统

虚拟机管理程序型

网络服务器	业务应用程序	开发环境
Linux	Windows	Linux
虚拟机	虚拟机	虚拟机

虚拟机管理程序

硬件

无须物理服务器操作系统，多个操作系统可以在管理程序的虚拟机上运行

图 5.3　主机操作系统和虚拟机管理程序的两种类型的虚拟化

> **提 示**
>
> - 合乎逻辑：在物理上重新定义一台服务器的虚拟规格，使多台服务器看起来正在运行。
> - 托管：一种不拥有自己的服务器，而是使用位于数据中心的服务器的方法。在过去，合同是以物理服务器为单位签订的，但现在通常是以虚拟服务器或云服务为单位签订合同。

5.3 节点自主通信技术
——分布式技术

互联网最初是作为分散式网络设计和实施的。分布式技术在云中也很重要，DNS 和云服务都采用了分布式结构。

☑ 5.3.1 集中管理与分布管理的区别

网络可以按连接类型和管理类型这两种方式分类。管理类型分为集中式和分布式。集中式可以集中管理整个网络的流量，便于控制和管理。一方面，如果受管主机宕机，整个网络也会宕机。网络的可扩展性和灵活性也会受到限制；另一方面，在分布式系统中，整个网络没有中央管理实体，每个节点（主机或路由器）都自主执行数据通信和数据包交换。即使个别主机或线路出现故障，整个网络的运行也不会停止。它的可扩展性和灵活性更强，但通信控制（协议）会更加复杂，更容易发生流量拥塞，如图 5.4 所示。

☑ 5.3.2 互联网上使用的分布式技术

DNS 是一个分散的数据库，用于维护全球域名和 IP 地址之间的对应表。互联网的特性使其成为可能，但要在一个集中式系统中近乎实时地管理这种机制是不可能的。即使是大型云服务，也会在世界各地的数

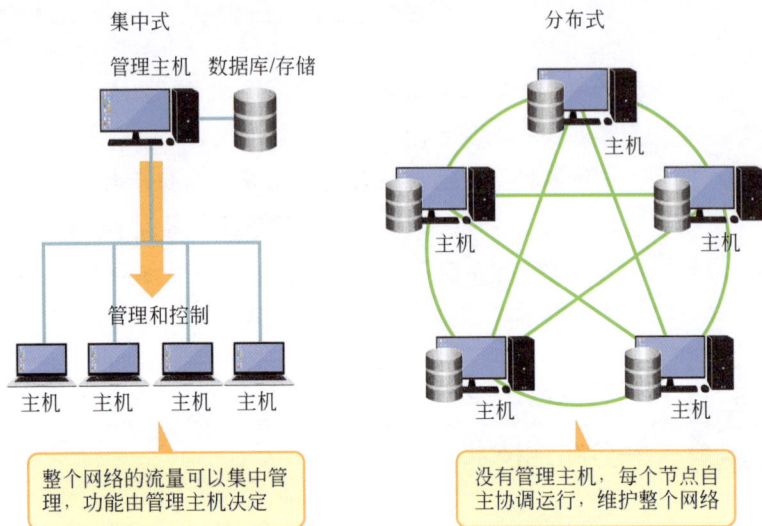

图 5.4　集中式和分布式网络示意图

据中心分配必要的服务器资源。用户可以随时根据需要，在预算允许的范围内建立任意数量的虚拟服务器，并在不再需要时将其销毁。云计算中的分布式计算可以轻松建立电子商务网站等，只有在访问量集中时才会增加服务器。系统不仅能抵御故障，还能提高系统的可用性，两者之间的区别如表 5.1 所示。

表 5.1　集中式和分布式管理方式的区别

	集 中 式	分 布 式
管理	一元管理	多元管理
控制	容易	难
安全性	易于均衡强度	强度容易产生偏差
可靠性	易受单点故障影响	高度冗余和容错（易于复用）
灵活性	低	高
扩张性	低	高

提　示

• 大规模云服务：如 AWS 和 Microsoft Azure。

- 可用性：是指一项功能在需要时的正确性和持续可用性，也称为可用性（Availa Bility）。
- 分布式管理方法的用途：分布式管理方法也可以用于需要防灾和可靠性的系统。为避免因停电或灾难造成系统严重宕机，有一些方法可以在云中使用独立的数据中心。

5.4　云服务的使用模式
——IaaS/PaaS/SaaS/DaaS

根据使用类型的不同，云服务也有不同的类型，如 IaaS、PaaS 和 SaaS。有必要记住云服务主要使用模式之间的区别。此外，还有一种在云上使用操作系统的 DaaS 形式。

☑ 5.4.1　IaaS、PaaS 和 SaaS 使用模式的差异

云提供的服务按使用类型大致可以分为三类：IaaS（基础设施即服务）、PaaS（平台即服务）和 SaaS（软件即服务）。

IaaS 是在云服务中使用虚拟服务器时，指定基本硬件（服务器）配置（基础架构）的一种使用形式，包括 CPU 类型、处理器内核数量、内存容量、存储容量和操作系统类型。可以选择单核、4MB 内存和 512GB 硬盘等一般规格，也可以选择用于机器学习和模拟的集群配置。PaaS 是 IaaS 的一种形式，包括指定的元素，如数据库、开发环境和其他中间件的系统应用程序。SaaS 只使用应用程序和功能，而不是 IaaS 和 PaaS 的构成要素。PaaS 允许使用自己的虚拟服务器系统和程序，而 SaaS 则允许使用在云中运行的库存管理、电子商务网站功能、CAD 和设计软件。例如，使用 G-mail 而不是商业电子邮件软件就是电子邮件功能中 SaaS 的使用。

☑ 5.4.2　使用云操作系统的 DaaS

DaaS（桌面即服务）是一种类似于 SaaS 的客户端操作系统使用形式，

図解计算机网络——Internet、移动通信与云计算

如 Windows 或 macOS。用户环境建立在云端，因此即使连接的终端发生变化，用户也能在同一计算机桌面环境下工作。

使用模式的特征与托管、住宅代理的区别如表 5.2 所示。

表 5.2　IaaS/PaaS/SaaS/DaaS

使用模式	所 提 供 的	自己准备的
IaaS	CPU、内存、存储、OS	中间件和应用程序等
PaaS	IaaS+ 数据库、开发环境和中间件	应用程序等
SaaS	PaaS+ 应用程序	运营管理业务
DaaS	云中的桌面环境	终端和远程连接软件等

数据中心托管与住宅代理的区别如表 5.3 所示。

表 5.3　数据中心托管与住宅代理的区别

模　式	所 提 供 的	自己准备的
托管	服务器硬件和其他成套设备	操作系统、必要的软件和操作管理
住宅代理	机架、数据中心设备	服务器硬件和其他成套设备

每个使用模式的服务差异如图 5.5 所示。

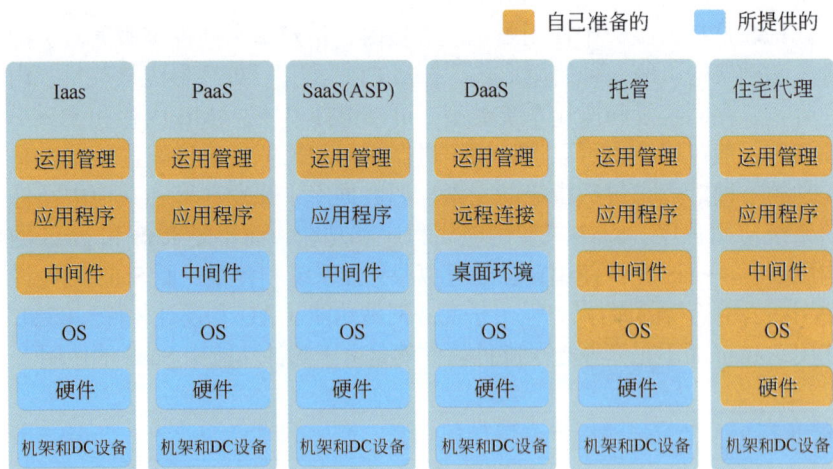

图 5.5　每个使用模式的服务差异

※ 根据供应商和数据中心的不同，这个区分也会发生变化。

128

提 示

- 关于 IaaS 是否应包含 OS 的问题有两种观点。
- 机器学习：从大量数据中找出特定模式的算法，它无须使用方程或统计计算，即可从多维轴上的整个数据集中提取特征点。
- 模拟：将空气的流动、温度变化、物体的动作等数值模型化，通过计算机模拟操作。
- 群集配置：为了进行复杂的计算、加密处理以及庞大的数据处理等，连接多台计算机和 CPU 等进行并行处理。
- SaaS 和 ASP 的区别：ASP（应用服务提供商）使用网络服务器或网络浏览器的功能，通过云为用户提供可以使用应用程序的环境。它与 SaaS 的相同之处在于，软件不安装在用户自己的计算机或服务器上，而是通过互联网使用其功能，不同之处在于，SaaS 代表云的名称和使用形式，而 ASP 代表提供 SaaS 的运营商（提供商）及其业务。

5.5 使用互联网资源的构造
——云计算 / 内部部署

云计算的普及正在改变企业运营业务系统和网络服务的方式。在此，我们将比较拥有的物理资源（内部部署）和使用云计算之间的差异。

☑ 5.5.1 引进和运行期间的成本差异

内部部署与云计算（云计算）相对应。内部部署是指在公司管理的设施中拥有并运行的服务器和其他设备。在使用云计算之前，必须在办公室或数据中心拥有物理资源，以运行业务和其他系统。因此，内部部署在导入时需要设备投资等成本。但是，只有在部署时才会产生较大的成本，在运行时需要管理和维护成本。另一方面，云不拥有物理资源，它是通过互联网使用的服务形式。成本随处理器运行时间、存储容量、网络流量等变化，但每月只要支付使用费即可运行。不过，只要合同还在有效期内，使用费将继续发生。

☑ 5.5.2　系统变更和安全对策的特征

在内部部署方面，业务系统的更改和扩展需要购买新硬件和更换软件。而在云中，可以通过管理屏幕快速增加或减少虚拟服务器。虚拟服务器数量的增减也可以根据网络拥塞情况通过时间设置自动完成。

对于内部部署的安全措施，必须有相应的对策，而云通常使用大型数据中心，基本安全措施包含在订购费中。不过，由于云计算是通过互联网使用的，因此对安全要求较高的应用程序可能会避开云计算，如图 5.6 以及表 5.4 所示。

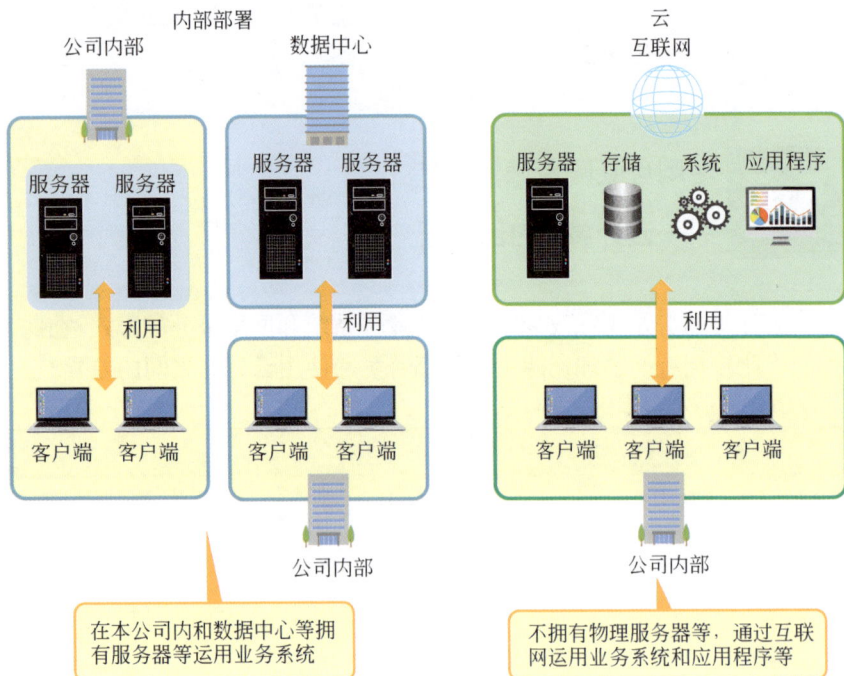

图 5.6　内部部署和云使用模式示意图

表 5.4　内部部署与云的比较

项　目	内　部　部　署	云
引进成本	大	小
运用成本	小	中
自由度	可以任意构建系统	受云服务和功能的限制
管理和维护	所有的资源都需要	不使用合同部分
系统增强	难（成本大）	易
系统缩减	难（销毁和注销资产）	易
安全性	低	高 互联网连接风险
用途等	需要物理服务器 需要在国内管理 需要高安全性	可支持大多数业务系统

> 提　示
>
> - 内部部署：英语是"on-premises"，意为"设施内"。
> - 使用费：如果虚拟服务器的规格与笔记本计算机相同，则可以以每天几日元到几十日元的成本使用。
> - 管理画面操作：如果只是启动虚拟服务器，几分钟就能完成设定。
> - 安全对策：一般来说，云被认为比企业内部部署更安全。不过，互联网也存在风险。

5.6 靠近终端的位置分散配置服务器的构造 ——边缘计算

物联网设备和自动驾驶汽车的普及正在增加云端服务器的负荷，响应时间的延迟也成为一个问题。为解决这个问题，人们正在使用一种叫作边缘计算的机制。

5.6.1　云的弊端

在云中，企业的核心系统和数据库都集中在云端的服务器上。在企业中，计算机和其他设备被用作客户端，而功能则由云端的服务器提供，这是一种客户端/服务器式的角色共享，即使是复杂的处理过程，也能高效处理。

在物联网中，与互联网连接的设备是摄像头、传感器、汽车和机器人。这些设备专注于特定功能，不适用于通用处理。因此，随着设备数量的多样化和物联网的普及，服务器的负荷将会增加。延迟响应时间（延迟）也是一个问题，因为它们是通过互联网传输的。例如，对于实时性能要求非常高的物联网设备来说，网络延迟会妨碍其功能的充分利用。

☑ 5.6.2 通过边缘计算减轻负荷

边缘计算是一种服务器分布在终端侧或靠近终端的系统。在将数据或请求发送到上一级服务器之前，执行数据收集、响应处理和预处理的服务器部署在互联网边缘，从而消除了服务器负载和响应时间延迟。在传感器网络和使用移动网络的物联网设备中，边缘服务器被放置在基站和其他位置，以实时处理并解决服务器和互联网流量的负载问题。此外，利用5G网络的各种应用和技术正在开发中，如图5.7和图5.8所示。

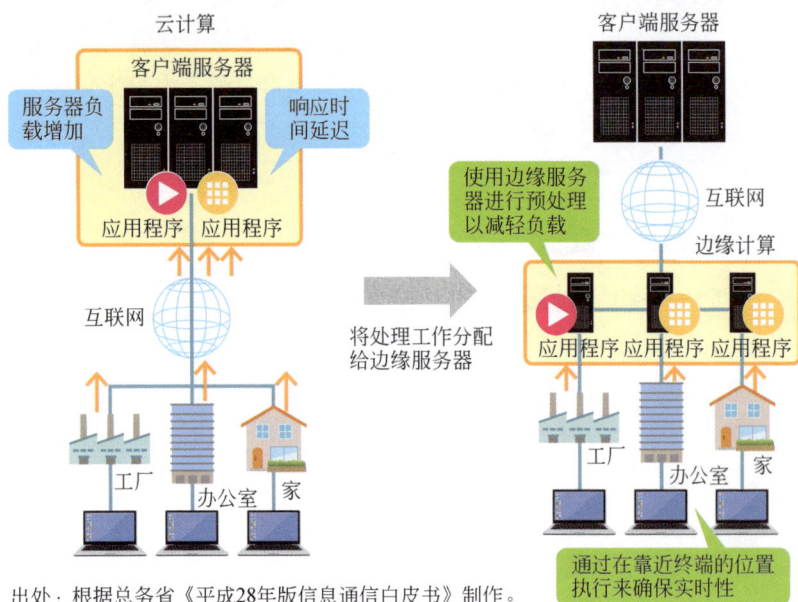

出处：根据总务省《平成28年版信息通信白皮书》制作。

图 5.7　边缘计算的优点

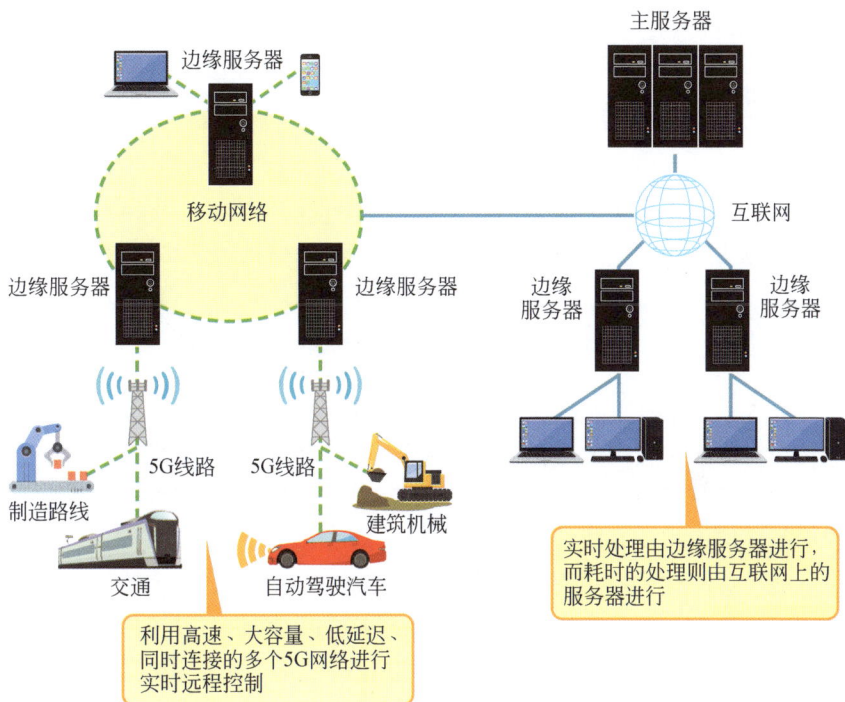

主服务器

边缘服务器

移动网络

互联网

边缘服务器　　　　边缘服务器

边缘
服务器　　　　　　边缘
服务器

5G线路　　5G线路

制造路线

交通　　　自动驾驶汽车

建筑机械

实时处理由边缘服务器进行，
而耗时的处理则由互联网上的
服务器进行

利用高速、大容量、低延迟、
同时连接的多个5G网络进行
实时远程控制

图 5.8　5G 网络使用示意图

提　示

- 客户端：客户端计算机配有一个具有一定性能的处理器，由
操作系统管理。
- 响应时间：从请求处理到返回处理结果所需的通信响应时间。
- 边缘服务器：指在云中的客户端 / 服务器类型的连接形式中，
为了避免响应时间的延迟，设置在靠近客户端的位置的服务
器。设置在 WAN 和 LAN 的边界（边缘）。
- 5G 网络：具有高速、大容量、多连接、低延迟（实时）的特点，
在 VR 和 AR 的处理、实时的远程控制等方面有效。

5.7 虚拟构建应用程序运行环境的技术——容器

服务器虚拟化是构成云的技术之一，类似的技术还有容器。容器是一种虚拟化应用程序运行环境的技术，目前主要用于虚拟服务器。

☑ 5.7.1　创建应用程序工作环境的容器结构原理

在 5.2 节介绍的主机操作系统类型和管理程序类型中，创建的是包括客户操作系统在内的虚拟机，但在容器中，并不包括客户端操作系统，应用程序及其运行环境由容器引擎进行虚拟化。容器引擎将应用程序及其运行环境虚拟化并执行。

每个虚拟化的应用程序和运行环境都称为一个容器。容器不包含客户端操作系统，而是利用主机操作系统的功能，因此可以轻易通过替换容器以灵活构建环境。每个容器都独立运行，不能直接访问其他容器。容器之间的通信使用容器引擎提供的虚拟网桥。

☑ 5.7.2　使用 Docker 和 Kubernetes 的容器

Docker 是一个典型的容器引擎。有许多带有打包应用程序和运行环境的 Docker 镜像可供使用，从而很容易为应用程序建立运行环境。Docker 还可以实现互联，即使物理服务器分离，也可以通过网络将同一操作系统作为单一系统进行管理。Kubernetes 可以通过网络管理多个容器引擎。在容器中，使用 Docker 和 Kubernetes 有助于在网络上实现微服务，如图 5.9 和图 5.10 所示。

> **提　示**
>
> - 虚拟网桥：虚拟网桥功能可以将为每个容器配置的虚拟网卡（网络接口卡）、虚拟交换机和虚拟路由器的功能整合在一起。
> - Docker：云环境中使用的容器引擎之一。

- Kubernetes：开源软件，用于自动管理由 Docker 等容器引擎构建的容器。

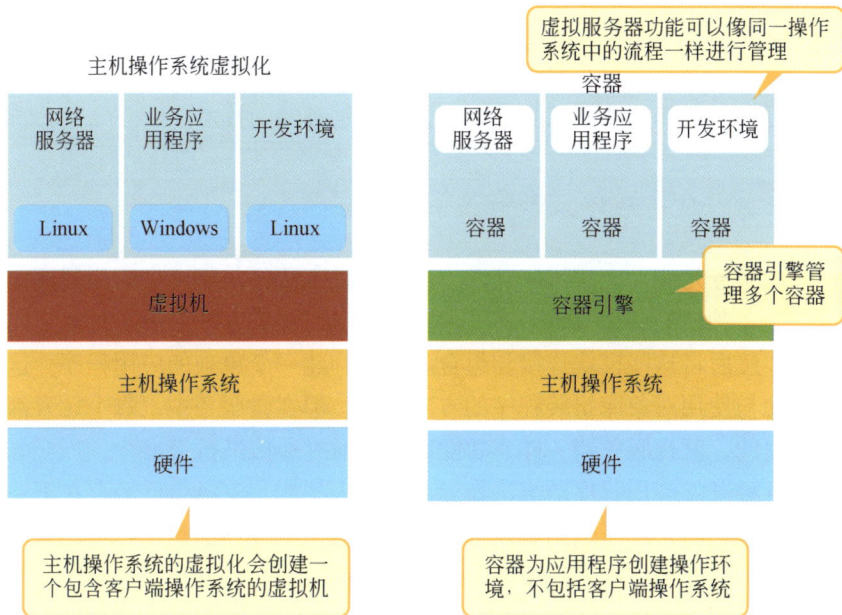

主机操作系统虚拟化

虚拟服务器功能可以像同一操作系统中的流程一样进行管理

容器

网络服务器	业务应用程序	开发环境
Linux	Windows	Linux

虚拟机

主机操作系统

硬件

网络服务器	业务应用程序	开发环境
容器	容器	容器

容器引擎

容器引擎管理多个容器

主机操作系统

硬件

主机操作系统的虚拟化会创建一个包含客户端操作系统的虚拟机

容器为应用程序创建操作环境，不包括客户端操作系统

图 5.9　主机操作系统虚拟化与容器的区别

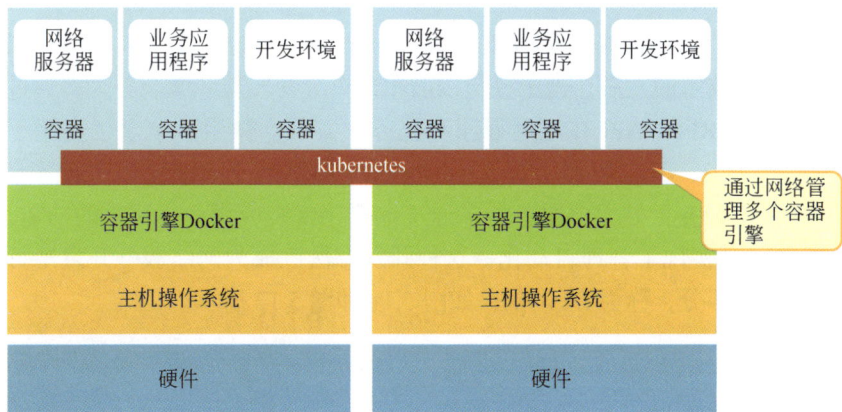

网络服务器	业务应用程序	开发环境
容器	容器	容器

网络服务器	业务应用程序	开发环境
容器	容器	容器

kubernetes

通过网络管理多个容器引擎

容器引擎Docker	容器引擎Docker
主机操作系统	主机操作系统
硬件	硬件

图 5.10　使用 Docker 和 Kubernetes 的容器

5.8 组合功能实现应用程序的技术
——微服务

微服务是指装备在服务器上的一种小型功能的服务，这些功能组合起来可以实现其他功能和服务，在云上也是有效的技术。

☑ 5.8.1 应用程序开发方法中的微服务

微服务是一种应用程序开发方法，这种方法不是将一个应用程序作为一个单独的软件来构建（如单体或整体），而是为每个功能元素开发模块，然后将这些模块连接和组合起来，构建一个单独的应用程序。这一概念与使用对象库组装程序的方法类似。但在微服务中，每个元素都是独立的，就像服务器一样，功能和数据通过通信进行交换。

这种开发应用程序的方法作为面向服务架构（SOA）已经存在了一段时间。然而，由于网络和硬件性能的不足，服务器虚拟化技术尚未发展起来，因此推广提供微服务的服务器和系统并非易事。

☑ 5.8.2 容器开发方法中的微服务

当下，由于网络基础设施的发展、硬件技术的进步、服务器虚拟化和容器技术的发展，微服务与以前相比更容易实现。微服务大多通过HTTPS 和 REST API 在应用程序和服务中实现。微服务概念也应用于开发方法中，其中容器引擎（如 Docker）由 Kubernetes 管理。通过容器配置云服务上的虚拟服务器，通过虚拟化封装应用程序所需的功能，kubernetes 实现了管理自动化。这种开发方法已成为网络服务开发不可分割的一部分，称为 DevOps，如图 5.11 和图 5.12 所示。

单片型

微服务型

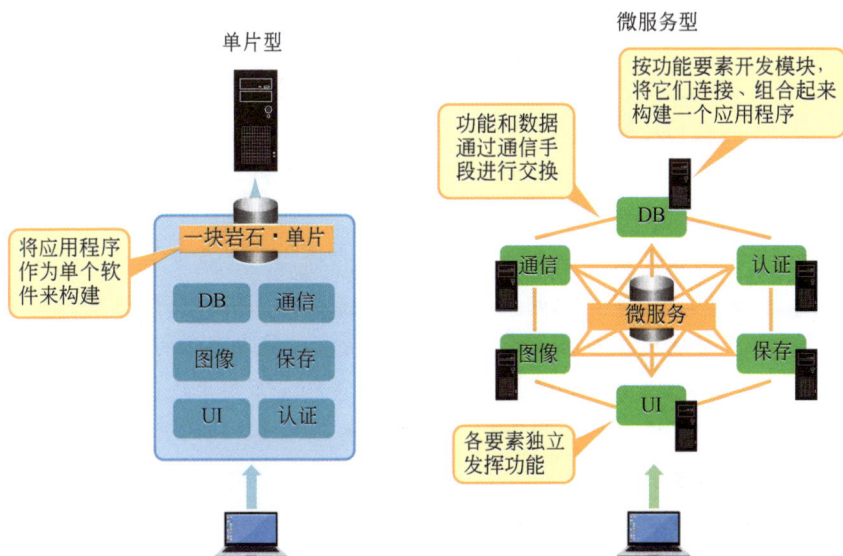

按功能要素开发模块，将它们连接、组合起来构建一个应用程序

功能和数据通过通信手段进行交换

DB

将应用程序作为单个软件来构建

一块岩石·单片

DB　通信

图像　保存

UI　认证

通信　认证

微服务

图像　保存

UI

各要素独立发挥功能

图 5.11　微服务功能示意图

云服务平台

电商网站

互联网上的微服务

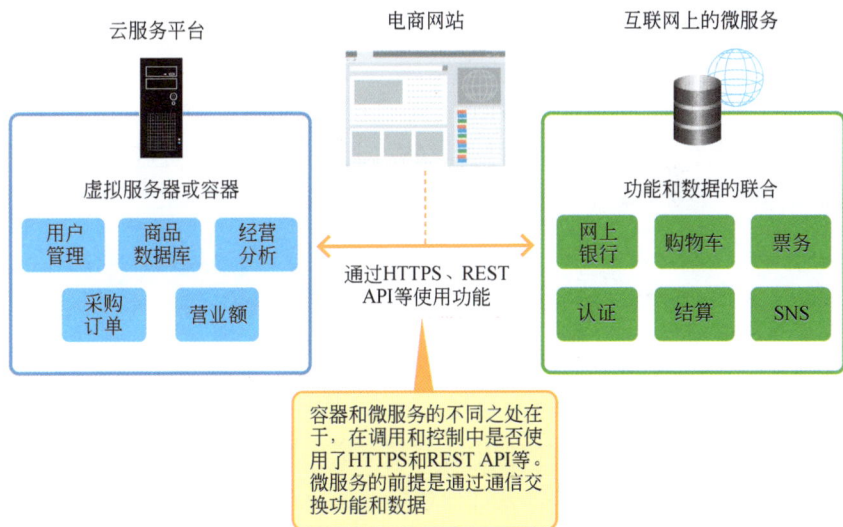

虚拟服务器或容器

功能和数据的联合

用户管理　商品数据库　经营分析

采购订单　营业额

通过HTTPS、REST API等使用功能

网上银行　购物车　票务

认证　结算　SNS

容器和微服务的不同之处在于，在调用和控制中是否使用了HTTPS和REST API等。微服务的前提是通过通信交换功能和数据

图 5.12　使用微服务的电子商务网站示意图

提 示

- 模块：实现认证和结算、AI 处理、地图显示等构成应用程序的通用功能的程序单位。
- 对象库：可以轻松调用实现函数、模块和其他功能的可执行代码的文件。
- 面向服务架构（SOA）：在应用程序开发中，这是一种不设计和组合必要功能的概念，而是将必要功能视为服务单元，并开发实现这些服务的功能。整体功能被视为服务的组合。
- DevOps：在 Web 服务等功能的改善和发布要求迅速对应的系统中，开发和运用密切合作，有效地进行功能的开发、导入、更新等的手法。

5.9 亚马逊运营的云平台
——AWS

AWS（Amazon Web Services）是全世界使用的云平台之一，用户从个人到大企业不问规模和行业。AWS 提供各种功能，包括虚拟服务器和存储。

☑ 5.9.1 AWS 是亚马逊管理的一组数据中心

AWS 实体是由亚马逊管理的一组数据中心，亚马逊将其划分为 26 个区域（国家和地区）和 84 个可用区（AZ：位于不同地点的数据中心组，截至 2022 年 3 月）。所有数据中心都是虚拟化的，除非用户指定，否则不知道虚拟服务器在哪里以及如何建立。用户在虚拟化服务器空间中被分配一个专用空间，称为虚拟专用云（VPC），相当于一个内网。这个空间通常建立在同一个 AZ 中，用户的服务器作为 EC2 建立在 VPC 中。在 AWS 中，EC2 等虚拟服务器称为实例。

☑ 5.9.2　AWS 提供的功能

　　AWS 最初是指云中的虚拟服务器（EC2）和虚拟存储（S3）服务。现在，它几乎可以用于构建任何企业 IT 环境，包括账户身份验证机制（IAM）、数据库（RDB）、CDN（Cloud Front）和负载平衡器（ELB）、DNS 服务 (Route53)、专线和企业内部连接服务以及网关功能。对于用户而言，除了设置和管理 AWS 外，中间件和应用程序开发所需的功能（服务和 API）也可以作为 Marketplace 菜单。AWS 服务还能满足人们对人工智能和深度学习的图像识别等需求，如图 5.13 所示。

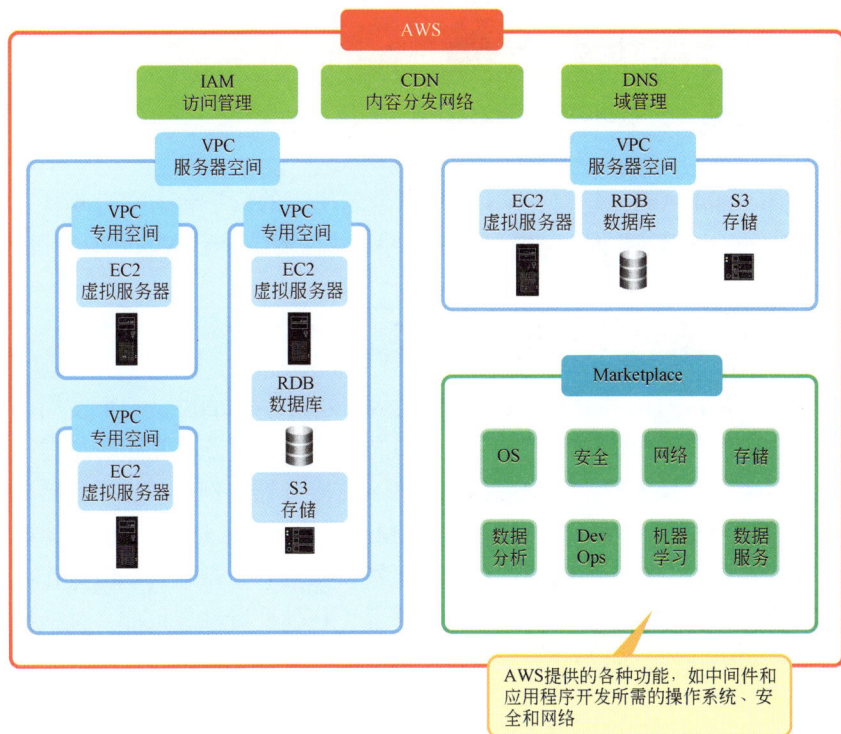

图 5.13　AWS 结构示例

> **提　示**
>
> - VPC：VPC 可以具有子 VPC。
> - EC2：Elastic Compute Cloud 的缩写，AWS 中虚拟服务器的主体。
> - CDN：Contents Delivery Network（内容分发网络）的缩写。在 AWS 中，它称为 Cloud Front。CDN 在虚拟环境中使用大容量网络提供服务，其基地（区域）遍布世界各地。
> - 负载平衡器：代理服务器，用于集中访问网站和处理负载。代理负责在服务器群的前段代为处理流量的出入。负载平衡器将来自外部的访问分配给多个服务器来分散负载。

5.10 微软运营的云平台
——Microsoft Azure

Microsoft Azure 是与 AWS 同时在全球使用的云平台，它有 4 种基本服务——计算、数据、应用程序和网络，并且不局限于 Windows 产品。

☑ 5.10.1　Microsoft Azure 的构成

与 AWS 一样，同样由微软提供的 Microsoft Azure 也是一个使用虚拟化技术的云平台，它具有与 AWS 相同的功能和服务，并能通过虚拟网络连接虚拟服务器，但 Microsoft Azure 将服务器实例（虚拟服务器单元）视为具有硬件和操作系统的集合。Microsoft Azure 将服务器实例（虚拟服务器单元）视为一套硬件和操作系统。虽然它是微软云，但操作系统和数据库管理系统并不局限于微软产品，任何配置都有可能，包括操作系统和中间件，如 Linux、Oracle、MySQL 等。

☑ 5.10.2　Microsoft Azure 的基本服务

Microsoft Azure 有 4 种基本服务——计算、数据、应用程序和网络。例如，数据库管理系统作为数据服务提供的 VPN 和 CDN 是网络服务之一，相当于 AWS 中 Marketplace 的应用程序服务。Microsoft Azure 被许多在云计算或系统开发方面不具备足够知识或技能的公司所使用。此外，商业系统市场上的许多公司专门使用微软产品进行系统集成（SI），当这些公司被要求将其系统迁移到云计算时，更有可能使用 Microsoft Azure。此外，一些用户选择 Microsoft Azure 是因为 AWS 以美元计费，计费流程不符合日本公司的习惯，如表 5.5 所示。

表 5.5　Microsoft Azure 基本服务

基 本 服 务	所提供的功能
计算	虚拟机（IaaS/PaaS）、各种 API 服务、容器服务
数据	存储、数据库、检索、数据仓库
应用程序	Hadoop、机器学习、数据分析、CDN 等
网络	VPN、冗余功能、DNS

Microsoft Azure 构造实例如图 5.14 所示。

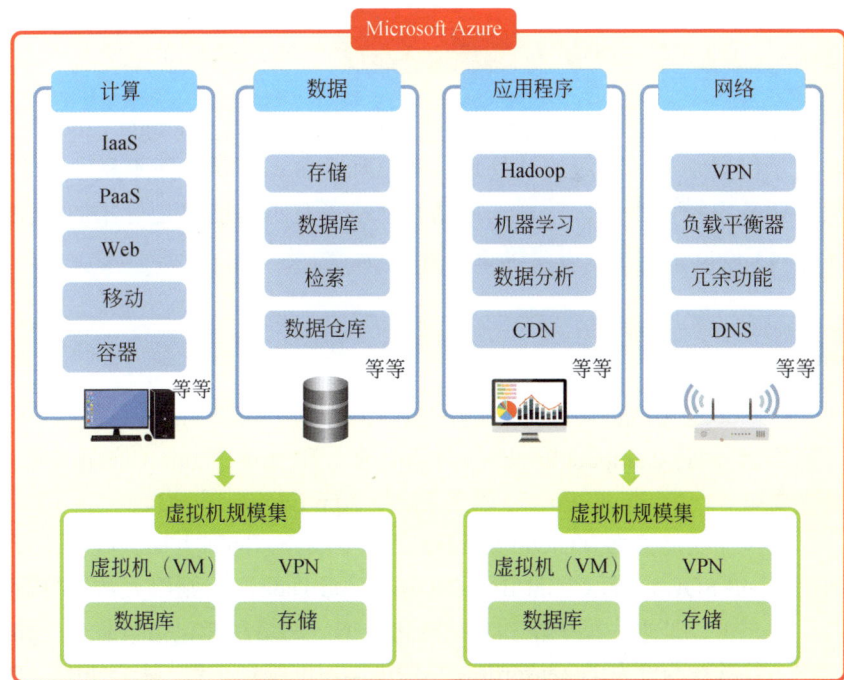

图 5.14　Microsoft Azure 构造实例

提　示

- 虚拟网络：该术语在这里是指可以在云平台的管理屏幕上配置的虚拟电路、交换机和路由器。
- SI：System Integration 的缩写，是承担设计、构建、运行和维护业务所需的 IT 系统的服务。从事这项工作的企业称为系统供应商或 SIer。

5.11 谷歌运营的云平台
——Google Cloud

Google Cloud 是谷歌提供的一个云平台。人们普遍认为它在学习和大数据分析方面实力超群，常用于人工智能开发和数据分析。

☑ 5.11.1　擅长机器学习和数据分析的 Google Cloud

谷歌擅长搜索引擎及其相关的大数据分析。因此，Google Cloud 主要用于机器学习、高级统计处理、模拟和大数据分析，而不是在云上构建业务系统。当然，计算、存储和网络等基本功能也是可用的，在 Google Cloud 上构建业务系统也是可能的。

☑ 5.11.2　从基本功能到人工智能开发的 Google Cloud 服务

在 Google Cloud 中，用户的虚拟空间作为一个项目进行管理。在计算功能方面，Compute Engine（计算引擎）和 App Engine（应用引擎）是主要服务。Compute Engine 属于 IaaS，App Engine 属于 PaaS。

在存储功能方面，Cloud Storage 是基本服务，同时也提供数据库服务（Cloud SQL），而 Cloud Bigtable 和 Cloud Datastore 则以大数据分析为目的，可以处理大型表格和非结构化数据。网络功能包括负载平衡和 DNS。谷歌参与开发的 Tensorflow 是深度学习的绝佳平台，易于使用，许多用户都订购了 Google Cloud 服务来使用 Tensorflow，如图 5.15 所示。

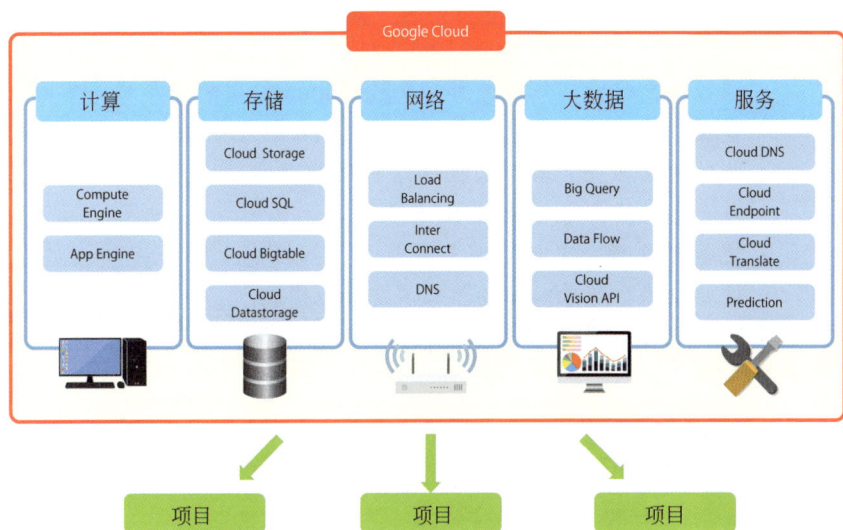

图 5.15 Google Cloud 构造实例

图 5.16 所示为利用 Google Clound 实现的人工智能系统。

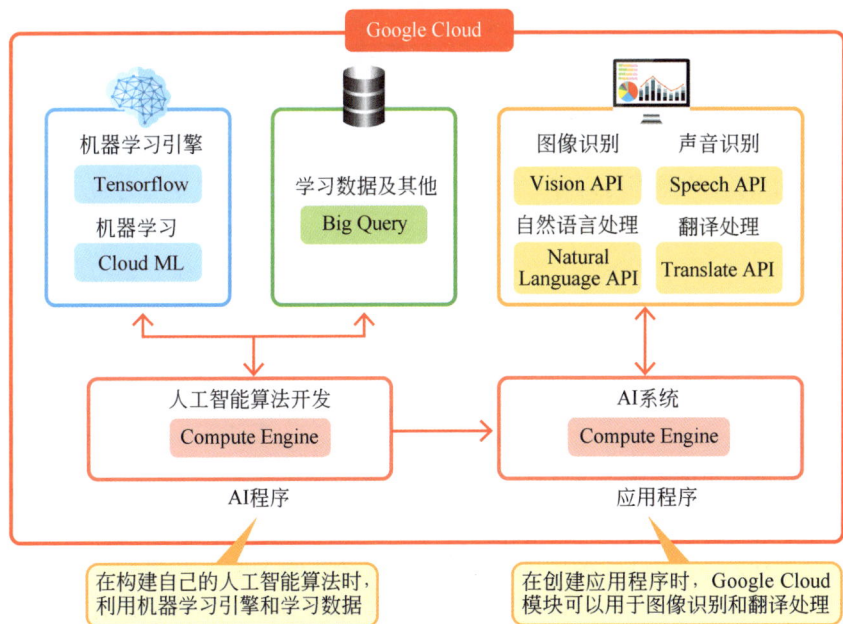

图 5.16 利用 Google Cloud 实现的人工智能系统

> **提　示**
>
> - 项目：管理虚拟环境（如 Google Cloud 使用的虚拟服务器和资源）的单位。用户、使用费等由项目单元管理。
> - 非结构化数据：未经数据库结构化处理的数据，如图像数据或日志数据，也称为 NoSQL 数据。
> - 流数据处理：实时处理大量数据，如日志文件和视频数据，这些数据会随着时间的推移不定期地出现。
> - Tensorflow：由谷歌开发和维护的开源深度学习引擎。

5.12　云服务的使用形式
——私有云和公共云

　　AWS、Microsoft Azure 和 Google Cloud 是最常见的云平台，一些公司正在使用它们开发服务。本节将介绍如何使用云服务。

☑ 5.12.1　基于访问对象不同的两种使用方法

　　云有两种类型，即私有云和公有云。私有云是通过专线或 VPN 连接云中的服务器等可以专门使用的云。虚拟服务器等是专门为公司自己的系统设计的，外部无法访问。AWS 和 Google Cloud 的原型就是这种将内网转换为云的类型。在公司承包或拥有的数据中心建立虚拟服务器等云环境有时被称为私有云。公有云是指只要取得账户，任何人都可以使用的云，如 AWS 或 Microsoft Azure。在云上为普通用户构建的服务，如 Gmail、OneDrive、Dropbox、Slack、Zoom 等有时也称为公有云。

☑ 5.12.2　基于云平台上开展的服务

　　有时，公司内部网中的系统会使用 AWS 或 Microsoft Azure 在云中复制，这是将业务系统云化时使用的很普遍的方法，是利用公有云构建私有云的方法。风险投资公司可以使用公有云为大众开发服务，而无须自己的服务器或硬件。例如，使用 AWS 提供照片存储服务或视频发送服务，如图 5.17 所示。

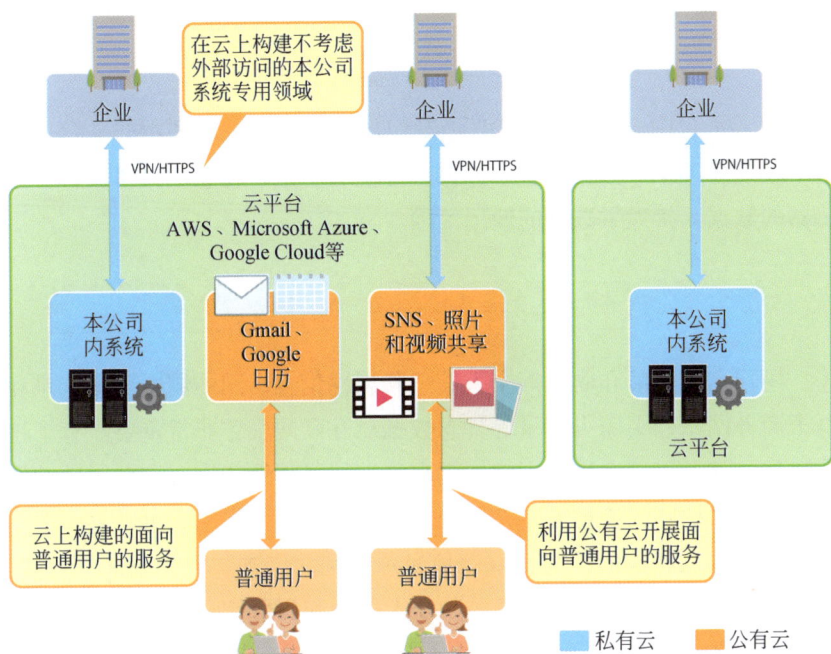

图 5.17　私有云和公有云的使用示意图

> **提 示**
>
> - **照片存储服务**：在云中存储用户照片数据的服务，如 Amazon Photos。
> - **视频发送服务**：通过互联网和移动网络等提供视频的服务。Netflix 的发送系统是利用 AWS 构建的。
> - **AWS 和 Google Cloud 是典型的内部系统**：AWS 和 Google Cloud 是为开发自己的服务而建立的系统平台，并作为通用服务发布。亚马逊处理从书籍到食品、视频和音乐的一切事务。AWS（EC2 和 S3）是云环境的雏形，是提供这些服务的基础，Google Cloud 是为 Gmail 和谷歌地图服务构建的内部系统，只有基础设施部分可供外部使用。

5.13 数据管理平台
——CDP / DDP

在云平台中，CDP 和 DDP 是专门从事数据管理和利用的平台，二者不仅能管理个人数据和日志数据，还能管理来自物联网设备和各种传感器的数据，扩大了数据的使用范围。

☑ 5.13.1 管理个人数据和其他信息的平台

用户名、年龄和职业等个人信息和属性信息、网站浏览历史记录和电子商务网站购买历史记录等日志数据对互联网服务非常重要。有了这些数据，就可以制定战略，例如提高网站的可用性和发布有针对性的广告。对隐私敏感的信息需要谨慎处理，但如果使用得当，可以避免在不同网站上输入相同的信息，或避免显示无用的广告。为实现这些功能，通常使用 cookie。收集和管理各种个人信息和属性信息的数据平台称为客户数据平台（CDP）。

☑ 5.13.2 管理物联网设备等数据的平台

企业掌握的一些数据是从物联网设备中收集的。火车和公交车的交通数据、摄像头和传感器网络的数据、各种业务终端的数据等都可以作为大数据用于社会和政务服务，如交通拥堵情况预测。汇集物联网设备和各种终端数据的数据平台称为设备数据平台（DDP）。除市场营销外，CDP 和 DDP 在信息银行和数字化转型（DX）方面越来越受到关注。由于这些数据包括隐私敏感信息，因此处理这些数据的企业需要严格的数据管理，包括安全措施，如图 5.18 与图 5.19 所示。

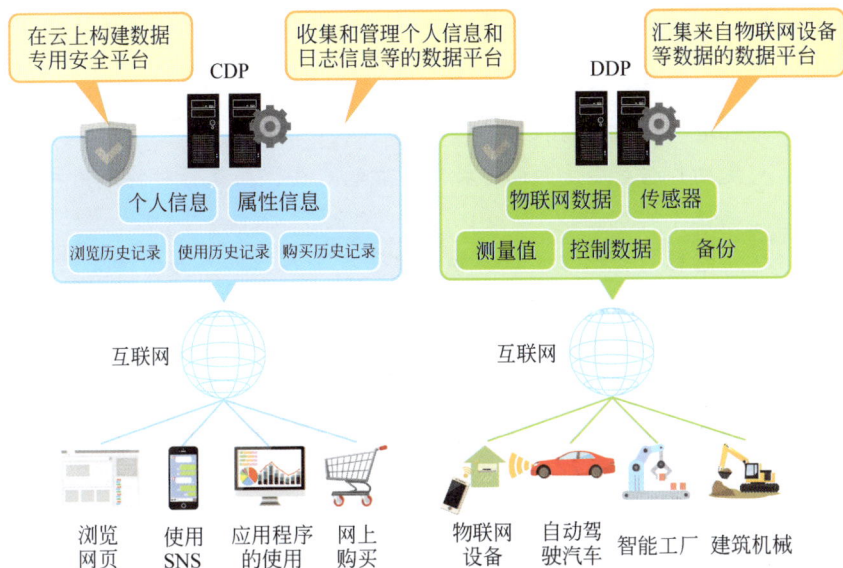

在云上构建数据专用安全平台

CDP

收集和管理个人信息和日志信息等的数据平台

DDP

汇集来自物联网设备等数据的数据平台

个人信息　属性信息

浏览历史记录　使用历史记录　购买历史记录

物联网数据　传感器

测量值　控制数据　备份

互联网

互联网

浏览网页　使用SNS　应用程序的使用　网上购买

物联网设备　自动驾驶汽车　智能工厂　建筑机械

图 5.18　CDP 和 DDP 的结构图

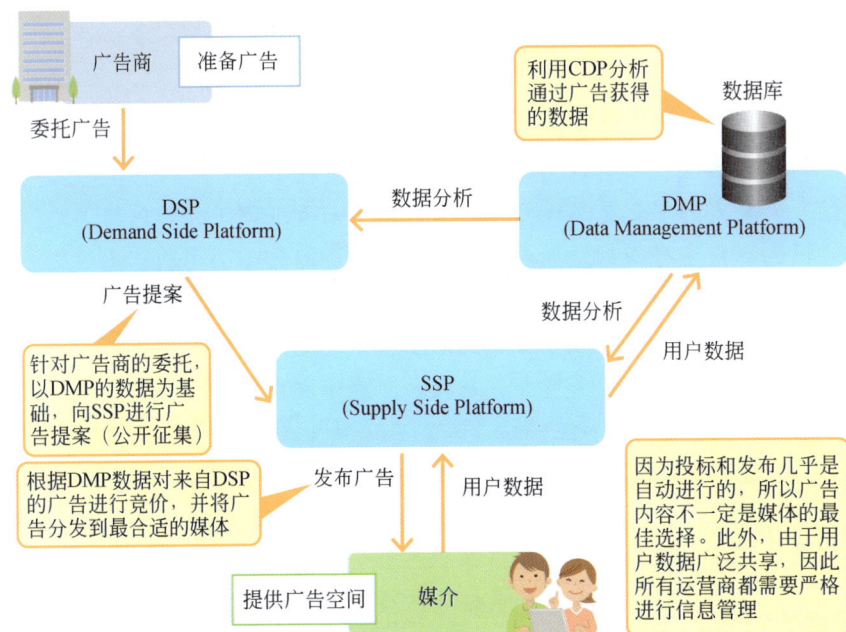

广告商　准备广告

委托广告

利用CDP分析通过广告获得的数据

数据库

DSP
(Demand Side Platform)

数据分析

DMP
(Data Management Platform)

广告提案

数据分析

针对广告商的委托，以DMP的数据为基础，向SSP进行广告提案（公开征集）

SSP
(Supply Side Platform)

用户数据

根据DMP数据对来自DSP的广告进行竞价，并将广告分发到最合适的媒体

发布广告　用户数据

因为投标和发布几乎是自动进行的，所以广告内容不一定是媒体的最佳选择。此外，由于用户数据广泛共享，因此所有运营商都需要严格进行信息管理

提供广告空间　媒介

图 5.19　应用 CDP 的自动广告服务结构示意图

提示

- **属性信息**：有关用户性质和特征的信息，如性别、年龄、居住地、职业、收入等。
- **定向广告**：不是面向非特定多数的广告，而是针对特定用户、属性等的广告。
- **信息银行**：独立于媒体和平台管理个人信息，并酌情提供给第三方的企业。从个人数据保护的角度看，将 CDP 和 DDP 用于广告已被认定为存在问题。
- **数字化转型 (DX)**：企业利用数据和数字技术改造其产品、服务和业务模式，以建立竞争优势。通过数字技术完善组织、流程和企业文化，而不是简单地将业务转换为信息技术。

专栏 5

云时代的网络

随着云的使用越来越普遍，网络会发生哪些变化？

① 局域网和互联网之间的界限变得模糊不清

最大的变化是局域网（内部网络）与互联网（外部网络）之间的界限变得模糊。如果业务系统的服务器位于公司内部或数据中心，那么局域网（内部网络）的边界就可以被视为公司或数据中心内公司自己的服务器。如果业务系统建立在云中的虚拟服务器上，或使用云服务的业务系统，则意味着业务系统是通过互联网使用的，无论它是在办公室内、办公室外还是在家中。

② 云端系统的安全性

此类云系统通过互联网与业务系统连接，因此无法使用仅在局域网或内联网范围内提供保护的安全措施。在这种情况下，需要采取一种称为"零信任网络"的措施，对所有终端、流量等进行检查和记录。

③ 改进软件和加速研发及应用

软件开发环境也越来越多地依赖于云，而且开发出来的软件通常作为网络服务或云系统使用。在这种情况下，可以将在云上开发的系统立即转移到云上，并使其变为可用的状态。在云中将软件开发和运营联系起来以快速改进软件的方法称为 DevOps。

第 **6** 章

移动设备与无线通信的构造

移动网络是用于智能手机和移动电话通信的广域无线通信网络。除此之外，还有许多用于不同目的的其他类型的无线通信，如 Wi-Fi、LPWA、蓝牙和 NFC。本章将介绍无线通信的标准、技术和类型。

6.1 连接移动终端、基站和交换站的网络
——移动网络

移动网络是用于移动电话和移动通信的广域无线网络，它由移动终端、基站和交换站组成，移动终端通信实现了数字化。

☑ 6.1.1 使用无线和专用线路的移动网络

智能手机使用的移动网络由 3 个节点组成，即移动终端、基站和交换站。移动终端和基站通过无线方式连接，以交换语音和数据。基站和交换站通常通过专用线路（有线）连接。交换站使用电话号码（用户识别号码）查找与之连接的交换站，并连接到可以与该方连接的基站。在移动网络中，移动终端需要找到可以与之通信的基站，交换站利用这一信息建立连接。随着终端的移动，它们需要不时地在能与之通信的基站之间切换，这种技术称为"切换"。

☑ 6.1.2 移动网络的通信方式

所有移动终端通信都是数字通信，如图 6.1 和图 6.2 所示，该网络也是分组交换网络，不同于固定电话等公共交换网络（PSTN），它主要有以下几种通信方式。

（1）FDMA（频分多址）：一种将载波分成特定频段的信道并传输信号的方式，用于模拟通信系统的移动网络。

（2）TDMA（时分多址）：通过在不同时间划分信道来传输若干数据包的方法。TDMA/TDD（用于 PHS）的上行和下行链路使用相同的频段，而 TDMA/FDD 使用不同的频段。

（3）CDMA（码分多址）：这种方法在同一频段传输多个信号（多个连接），它的特点是可以扩频，因此不易受噪声和干扰的影响。

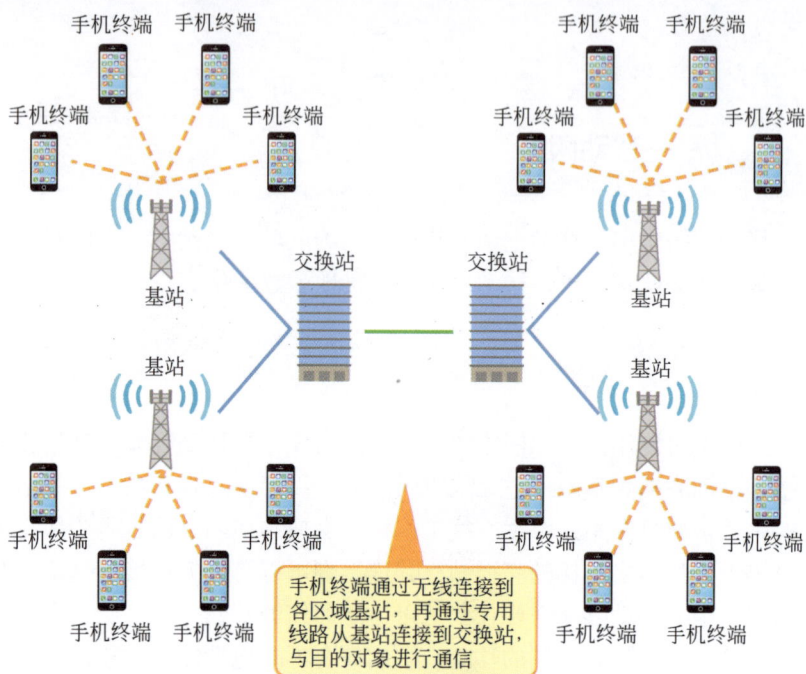

手机终端通过无线连接到
各区域基站，再通过专用
线路从基站连接到交换站，
与目的对象进行通信

图 6.1　移动网的通信网络

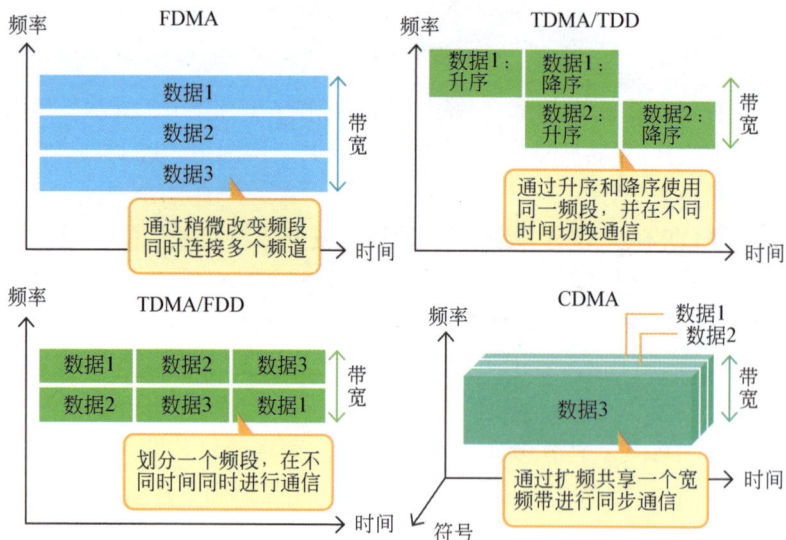

FDMA

带宽

通过稍微改变频段
同时连接多个频道

TDMA/TDD

带宽

通过升序和降序使用
同一频段，并在不同
时间切换通信

TDMA/FDD

带宽

划分一个频段，在不
同时间同时进行通信

CDMA

带宽

通过扩频共享一个宽
频带进行同步通信

图 6.2　移动网络通信方式的种类

> **提 示**
>
> - 交换站：汇集区域内的多个基站（天线），向其他交换站进行中继的设备。
> - 数字化：不包括第一代移动通信系统（1G）移动网络，如早期的车载电话。
> - 载波：具有一定频率的信号，主要用于通信。经调制后，它可以携带语音和数据进行通信。
> - 发送多个信号：将多个发送方的信号乘以不同的代码，再对每个发送方的代码进行运算，就能检索到所需发送方的数据。
> - 扩频：一种将原始信号调制并传播到宽频带进行通信的技术。

6.2 移动网络通信标准
——4G/5G

移动网络使用的通信标准称为 4G 和 5G。每一代通信标准都有自己的特点，要跟上人工智能的发展和物联网设备激增的步伐，还需要进一步的技术进步。

☑ 6.2.1　每一代移动网络的特点

4G 和 5G 是智能手机和其他设备的通信标准，G 是 Generation 的缩写，指不同的通信方法和技术。

- 第一代移动通信系统（1G）：是使用 FDMA 模拟通信系统的移动网络，车载电话就属于此类。
- 第二代移动通信系统（2G）：在国外使用 GSM，在日本使用 PDC（TDMA/FDD）的移动网络，分组交换是从 2G 开始采用的。
- 第三代移动通信系统（3G）：频率和传输速度得到改进的移动网络，除 TDMA 外，还使用 CDMA。HSPA 和 LTE 也是 3G 的发展产物。
- 第四代移动通信系统（4G）：改进频率和调制方案以提高速度和容量的移动网络。

• 第五代移动通信系统（5G）：传输速度达 10Gb/s、传输延迟小于 1ms、同时多路连接 100 万个单位（每平方米）的移动网络。

6.2.2 高速、大容量、低延迟和多路同时连接

4G 和 5G 是国际电信联盟（ITU）和 3GPP 等标准组织在讨论中使用的术语，它也是衡量每一代移动网络性能的指标，取决于通信方法和技术等的发展。5G 正在发展成为一种移动网络，它能提供高速、大容量、低延迟和多路同时连接，可以实现在移动终端上观看 4K/8K 内容、远程控制机器人、物联网设备和传感器网络等应用，如表 6.1 所示。

表 6.1　不同世代特征的比较

世代	特　征	频　段	传送速度	通信方式
1G	模拟通信方式	800MHz	—	FDMA
2G	数字通信方式，数据包通信方式	800MHz、1.5GHz	2.4~28.8kb/s	TDMA/FDD
3G	世界通用的数字通信方式	700MHz、1.7GHz、2.1GHz	384kb/s~110Mb/s	CDMA、HSPA、LTE
4G	高速化高精细动画	700~900MHz、1.5~3.5MHz	50Mb/s~1Gb/s	LTE-Advance
5G	高速、大容量、低延迟、多路同时连接	3.7GHz、4.5GHz、28GHz	1Gb/s~50Gb/s	OFDMA 和 QAM 扩展

※ 每个值均为日本的参考示例，并不适用于所有国家和应用。

5G 的特征如图 6.3 所示。

提　示

• HSPA：高速分组接入（High Speed Packet Access）的缩写，是一种在 3G W-CDMA 基础上改进的通信标准，可以加快下行方向的通信速度。
• LTE：Long Term Evolution 的简称，是为了高速、大容量化 3G 以连接到 4G 和 5G 的通信标准。通过组合通信方式的 OFDMA、天线技术的 MIMO、调制方式的 QAM 等来实现。也有被称为 3.9G、4G 的运营商。

- 4K/8K 内容：电视屏幕的分辨率表示为 4K（40000 像素）或 8K（80000 像素），取决于水平方向的像素数，以及与此分辨率相对应的视频内容。
- 调制无线电波以传输信息：用无线电波发送信息时，需要改变基本波形（载波）的振幅（上／下强度）、频率和相位。这种变化被称为"调制"。简单地说，就是通过按照一定规则改变无线电波的波形来表达声音、比特数据等。

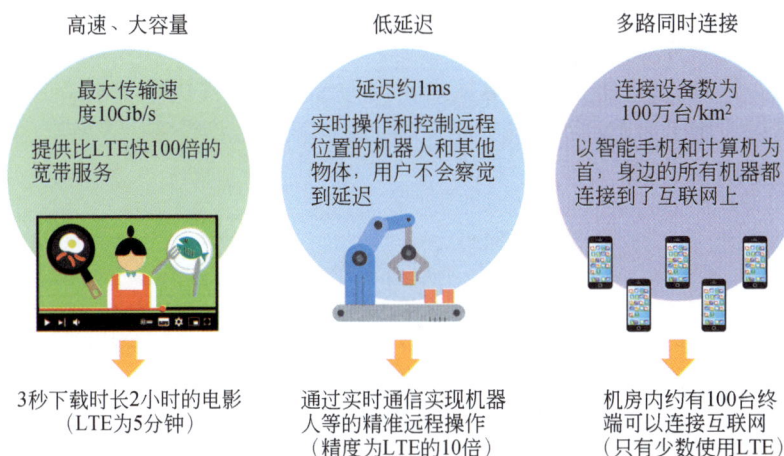

高速、大容量

最大传输速度10Gb/s

提供比LTE快100倍的宽带服务

3秒下载时长2小时的电影（LTE为5分钟）

低延迟

延迟约1ms

实时操作和控制远程位置的机器人和其他物体，用户不会察觉到延迟

通过实时通信实现机器人等的精准远程操作（精度为LTE的10倍）

多路同时连接

连接设备数为100万台/km²

以智能手机和计算机为首，身边的所有机器都连接到了互联网上

机房内约有100台终端可以连接互联网（只有少数使用LTE）

出处：根据总务省《令和3年版信息通信白皮书》制作。

图 6.3　5G 的特征

6.3 特定区域建设的 5G 网络
——本地 5G

除了面向大众的移动网络，5G 还有其他应用，例如面向企业的"本地 5G"，可以应用于物联网设备和机器人控制，用于特定区域的服务，如工厂、仓库和商业场所内部。

☑ 6.3.1　在有限范围内使用 5G 网络

5G 通过使用更高的频段（如 4.5GHz 和 28GHz）实现高速、大容量传输。高频无线电波对障碍物的抵抗力较弱，需要高功率才能发射和接收，因此基站（天线）的间距需要比 4G 更大。例如，为了将 5G 的区域面向智能手机，与面向全国的服务一样展开，就需要比 4G 更多的基站，但是如果区域有限，就容易整备了。

据说，5G 的低延迟特性可以用于实时机器人控制、自动驾驶、工厂机器控制等应用。对于这些应用，只需要在工厂等场所安装 5G 天线即可。因此，5G 不仅用于电信运营商为普通大众提供移动网络服务，还可以应用于为市政、企业、工厂和工业园区等大型设施以及特定区域建设专用 5G 网络。

☑ 6.3.2　可用于交通、工厂、商业设施等

具体实例包括在公共汽车线路上建设 5G 网络，以使公共汽车能够自动或通过远程控制运行。在工厂和仓库，与机器人和无人机的持续通信将有助于通过自主工作和自动化实现无人工厂和仓库。在商业场所，可以为租户和企业部署网络服务，并为来访客户提供基于 VR 和 AR 的服务。本地 5G 还具有提高安全性的优势，因为每个企业都能构建自己的移动网络，如图 6.4 与图 6.5 所示。

提　示

- VR 或 AR：VR 是 Virtual Reality（虚拟现实）的缩写，AR 是 Augmented Reality（增强现实）的缩写。VR 是指通过将计算机生成的三维图像投射到专用护目镜上，让用户体验虚拟世界的技术，而 AR 指的是将虚拟现实内容等与通过摄像头等看到的真实图像合成的技术。
- 安全：与互联网和非特定多数使用的一般 5G 不同，由于是封闭的网络，所以安全性提高。

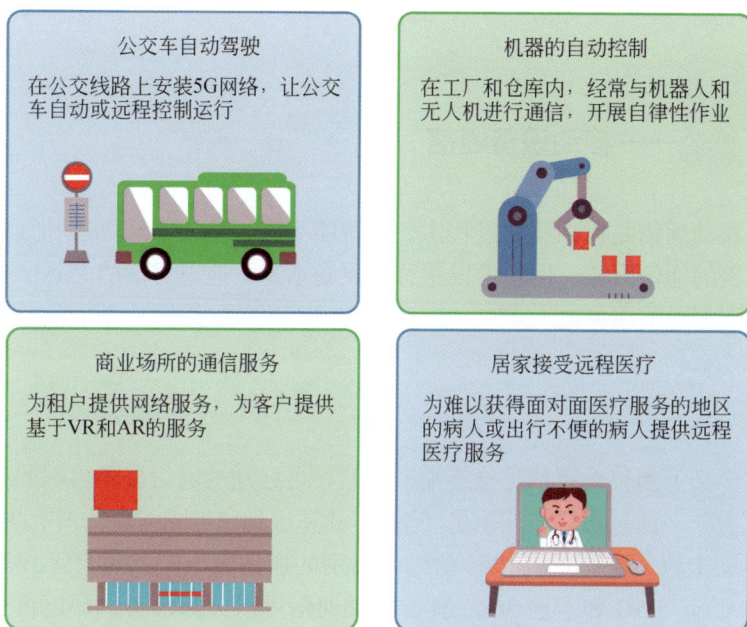

图 6.4　本地 5G 的用途

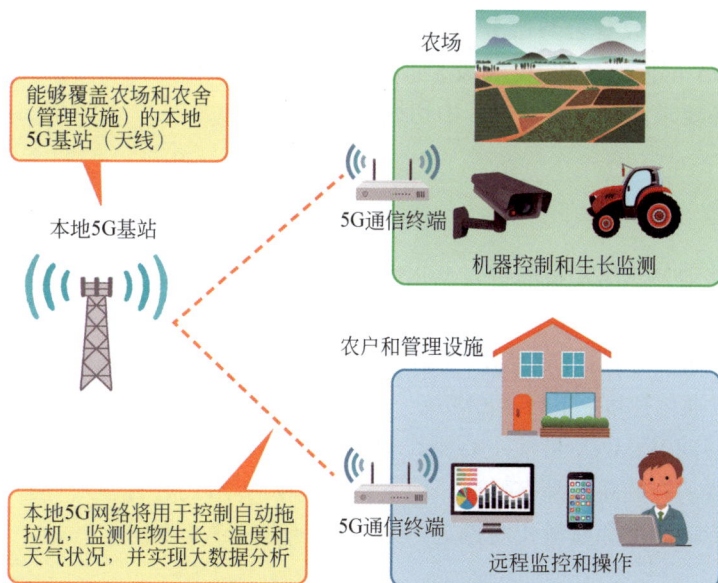

图 6.5　本地 5G 在农业领域的应用实例

157

6.4 使用移动终端的通信服务
——移动设备通信

移动通信是指在移动过程中使用智能手机、笔记本计算机和其他设备所需的通信服务，但也可以指移动设备本身。这里讨论的 WiMAX 就是典型的通信服务之一。

☑ 6.4.1　BWA 是一种使用 2.5GHz 频段的通信服务

广义上的移动通信是指终端或基站均可移动的通信技术。因此，"移动通信"一词包含从智能手机、笔记本计算机到商务无线电的所有内容。从狭义上讲，它指的是供移动终端使用的通信服务，如宽带无线接入（BWA）。与 5G 和本地 5G 一样，移动通信可以分为两类，即电信运营商的广域服务和仅限于特定区域的服务。前者称为移动 WiMAX，在日本由 UQ Communications 面向大众提供；后者称为区域 WiMAX，提供通信服务以改善公共服务，并作为信号接收不良地区的替代网络。两种 BWA 都使用 2.5GHz 频段，通信方法使用 LTE 和 OFDMA 扩展技术，它们还要求能够在移动过程中切换基站区域。

☑ 6.4.2　移动 WiMAX 服务

移动 WiMAX 目前也叫 WiMAX 2+，主要根据以下规格提供。
- 频段：2.5GHz 频段。
- 通信方式：WiMAX 2.1 版（TD-LTE）。
- 通信速度：下行 440Mb/s，上行 75Mb/s（规格上的最大值）。

移动 WiMAX 目前主要用作智能手机和笔记本计算机的移动 Wi-Fi 路由器。它的缺点是在隧道、地下和建筑物内难以获得信号，但一旦连接，传输速度和质量相对稳定，如图 6.6 与图 6.7 所示。

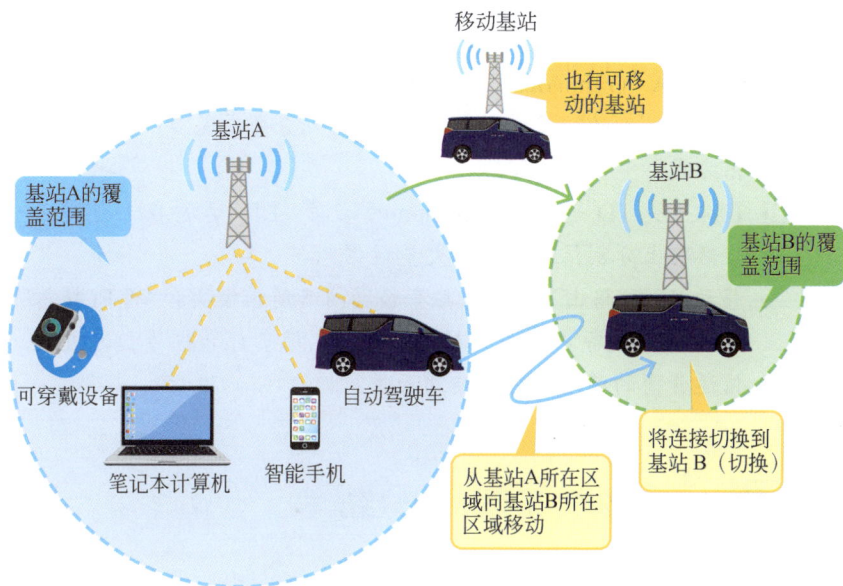

图 6.6　移动设备通信的切换示意图

WiMAX移动路由器

移动Wi-Fi路由器

Speed Wi-Fi NEXT WX06
对应网络：WiMAX 2+、au 4G LTE
外形：约111mm×62mm×13.3mm/约127g
规格：IEEE 802.11a/n/ac（5GHz频段）、
　　　IEEE 802.11b/g/n（2.4GHz频段）
最大通信速度：下行链路440Mb/s
　　　　　　　上行链路提供75Mb/s
图像：UQ通信有限公司

Galaxy 5G Mobile Wi-Fi SCR01
对应网络：WiMAX 2+、5G、4G LTE
外形：约147mm×76mm×10.9mm/约203g
规格：IEEE 802.11a/b/g/n/ac
　　　（2.4GHz频段、5GHz频段）
最大通信速度：下行链路2.2Gb/s
　　　　　　　上行链路183Mb/s
图像提供：KDDI有限公司

这些设备都可以用于连接笔记本计算机等设备的互联网，虽然在地下难以获得信号，但一旦连接，传输速度还是比较稳定的

图 6.7　移动路由器的实例

> **提示**
>
> - OFDMA：OrthogonalFrequency Division Multiple Access（正交频分多址）的缩写，一种对频带进行细分并发送多个信号的通信方式。
> - TD-LTE：TD 是 Time Division 的缩写，LTE 通过在上行和下行链路上分割信道来传输大量数据包。
> - 移动 Wi-Fi 路由器：一种具有移动网络通信模块和 Wi-Fi 接入点功能的设备。它通过 Wi-Fi 连接笔记本计算机等，通过通信运营商的移动网络连接到互联网。

6.5 IEEE 802.11 系列无线连接技术
——Wi-Fi

Wi-Fi 是指根据 IEEE 802.11 系列的标准，通过无线连接网络的技术，原本它是业界团体的名称，现在作为无线局域网规格的一种固定了下来。

☑ 6.5.1　无线局域网的一种

Wi-Fi 标准由一个行业组织制定，该组织负责推广和传播 IEEE 802.11 系列标准，Wi-Fi 联盟目前负责兼容设备的认证工作。Wi-Fi 标准根据所使用的频段和传输速度，用"a"和"b"等后缀加以区分。

☑ 6.5.2　Wi-Fi 的频率和传输特性

Wi-Fi 设备使用无线电波进行通信，要了解这些设备，就必须了解无线电波的特性。一般来说，无线连接的频率越高，传输的数据量就越大。但是，频率越高，无线电波的传输距离就越短，也更容易受障碍物的影响。因此，5GHz 频段的 Wi-Fi 标准比 2.4GHz 频段的 Wi-Fi 标准具有更快的传输速度，但同时由于屏蔽以及其他障碍物的影响，信号也更难到达。频率越高，耗电量和发热量也越大。在更高的频段，多路复用的效率更高。例如，如果分配 20MHz 频率用于传输一条线路（信道），那么 5.0GHz 和 5.1GHz（100 MHz）之间的频段可以容纳 5 个信道。在 IEEE 802.11n 和 11ac 等标准中，每个信道分配了多个天线。MIMO 技术将这些天线捆绑在一起，创建高带宽信道，从而提高传输速度。在两个维度上排列的每个天线的输出和相位都可以调整，以改变特定方向的信号强度。这种技术称为波束成形，如图 6.8 与图 6.9 所示。

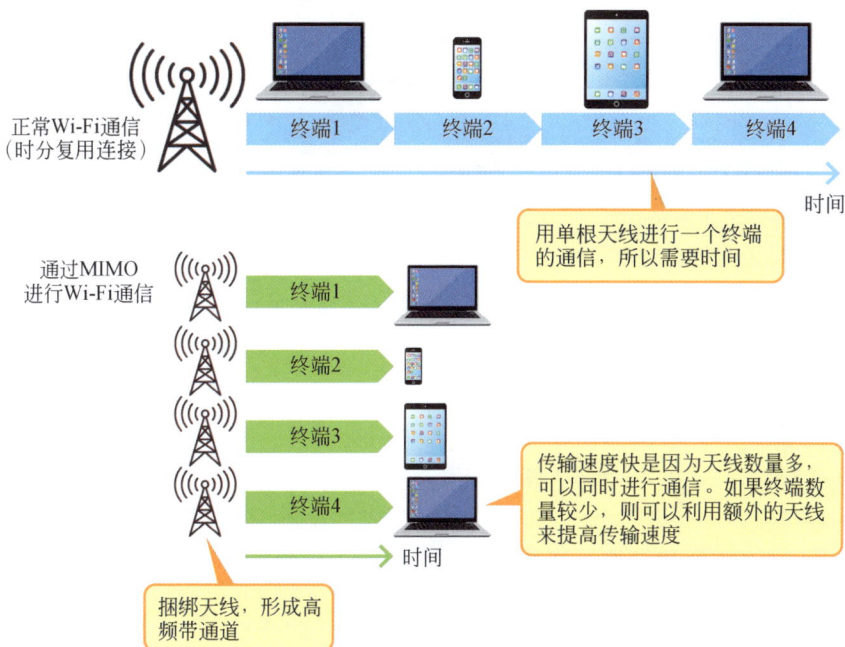

图 6.8　MIMO 的原理

提　示

- 多路复用：在通信中，使多个信号在一个传输线路上同时流动。
- MIMO：Multi Input Multi Output（多输入 / 多输出）的缩写，一种使用多根天线进行通信的技术，包括一个终端可以同时使用多根天线的 SU-MIMO 和多个终端共用天线的 MU-MIMO。

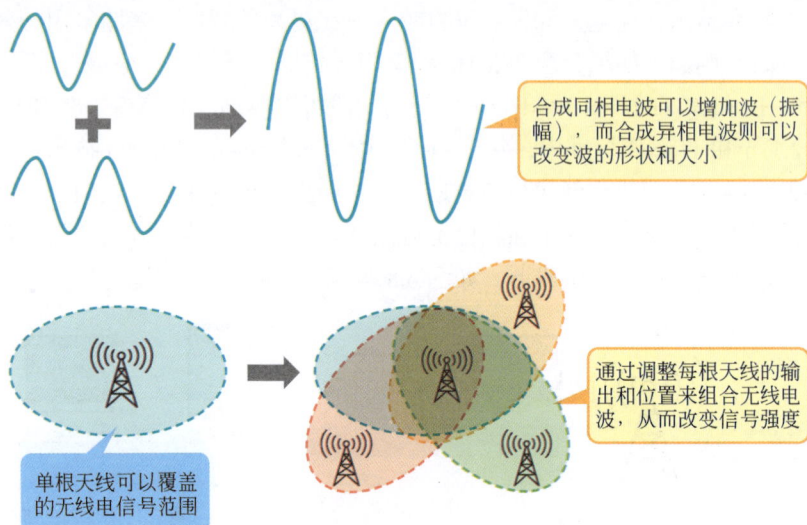

合成同相电波可以增加波（振幅），而合成异相电波则可以改变波的形状和大小

通过调整每根天线的输出和位置来组合无线电波，从而改变信号强度

单根天线可以覆盖的无线电信号范围

※ 此图仅说明了这一概念，实际的天线信号强度不会是这种椭圆形的分布。

图 6.9 波束成形原理

6.6 公共设施和商店提供无线局域网 ——公共无线局域网

公共无线局域网是安装在机场、酒店、商场和咖啡馆等公共设施中的接入点。作为任何人都可以连接的无线局域网，它允许人们随时随地连接互联网。

☑ 6.6.1 各设施和店铺均提供无线局域网

安装在机场、火车站、酒店和咖啡厅等公共设施内的接入点称为公共无线局域网。为方便用户，公共无线局域网通常提供免费上网服务，但也有收费服务。即使是设施和商店免费提供的接入点，在使用时也可能需要注册账户，以确保未经授权不能使用。现在，公共无线网络越来越多地被用于通过智能手机分发互联网接入服务。用户通过 Wi-Fi 连接互联网可以节省通信量。对于运营商来说，通过接入点分散用户也是一种很好的方式,因为许多用户通过智能手机连接互联网,这意味着必须增加网络设施。在此背景下,越来越多的免费接入点被安装在吸引顾客的设施和商店中。

☑ 6.6.2　使用公共无线局域网注意事项

无线局域网的安全性不高,即使设施或商店管理得很好,攻击者仍然可以潜入无线局域网窃听通信。攻击的接入点可以设置在人员聚集的地方,连接的终端也可能感染病毒。使用公共无线局域网时,不要连接到管理员不明确的接入点,即使是合法的接入点,也可能会受到攻击者的污染,如图 6.10 与图 6.11 所示。

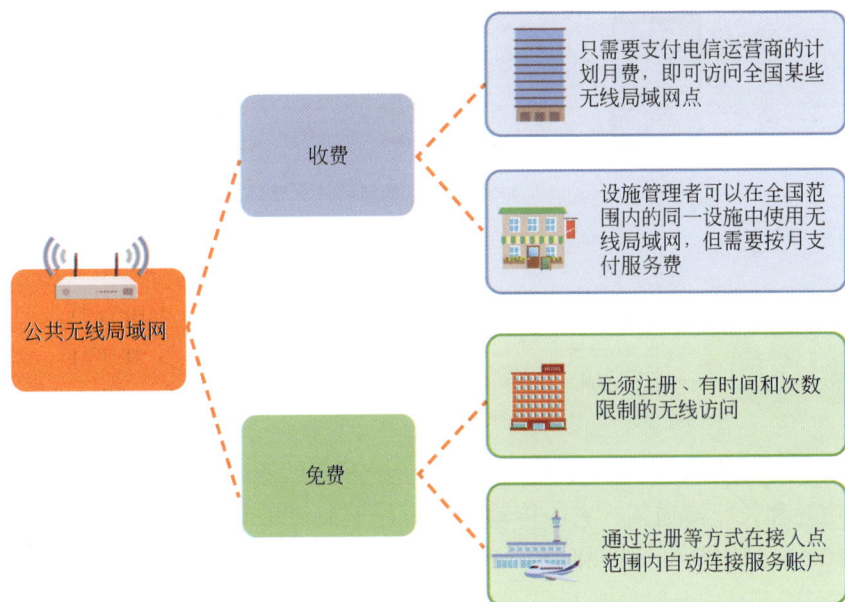

图 6.10　公共无线局域网主要类型示例

提　示

• 收费的服务:这些接入点安装在与提供收费接入点的运营商签订了合同的场所和商店中。由于接入点的存在,付费服务的数量正在减少。

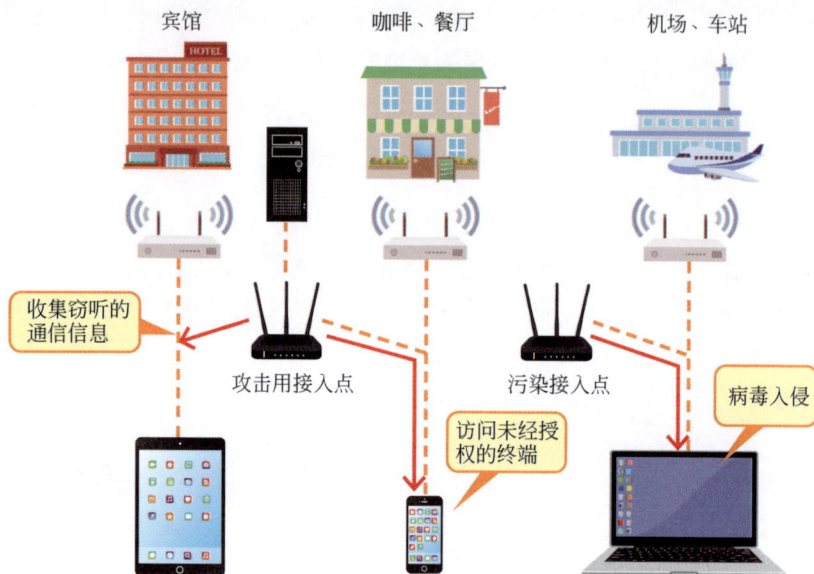

图 6.11　公共无线局域网的注意事项

6.7 低功耗和长距离通信技术
——LPWA

LPWA（Low Power Wide Area）是一种无线通信技术，其特点是低功耗和长距离通信，它的传输距离为几千米到几十千米，传输速度为100b/s 到 1Mb/s，功耗低。

☑ 6.7.1　物联网设备和嵌入式设备中的 LPWA

LPWA 是一种无线通信技术，能以相对较低的功耗实现远距离的通信。降低功耗可以促进物联网和嵌入式设备（笔记本计算机和智能手机除外）的无线和互联网连接。LPWA 在室外大范围产生无线电波，因此有些需要许可证，有些则不需要。两者的区别取决于所使用的频段和输出功率。需要许可证（由总务省授权）的 LPWA 基于 LTE 方法，使用分配给移动网络运营商的频段（700MHz、800MHz、1.5GHz 和 2.1GHz），这被称为许可频段，而主要使用 920MHz 频段和其他频段的则称为非许可频段。

☑ 6.7.2　LPWA 传输距离和速度

　　许可频段的通信范围被视为移动网络运营商基站的覆盖范围。LPWA 应用包括物联网设备、嵌入式设备和业务系统，它们不需要交换大量数据，如与笔记本计算机和智能手机交换数据。LPWA 应用的实例包括无线燃气表和自来水表的数值读取、用于远程监控和操作的智能电表以及公园和农场的监控。授权频段 LPWA 如表 6.2 所示，非授权频段 LPWA 如表 6.3 所示。

表 6.2　授权频段 LPWA

规　　格	频　　段	通信速度	通信距离（标准）
NB-IoT	700MHz、800MHz / 1.5GHz、2.1GHz	20~60kb/s	基站区域
LTE CAT M1	700MHz、800MHz / 1.5GHz、2.1GHz	800kb/s~1Mb/s	基站区域

表 6.3　非授权频段 LPWA

规　　格	频　　段	通 信 速 度	通信距离（标准）
Wi-SUN	920MHz	50~300kb/s	1km
LoRaWAN	920MHz	250b/s~50kb/s	10km
ZETA	920MHz	300b/s~2.4kb/s	10km
Sigfox	920MHz	100~600b/s	50km
ELTRES	923.6~928.0MHz	80b/s	100km

　　智能电表的供电网络示意图如图 6.12 所示。

> **提　示**
>
> - 嵌入式设备：配备微型计算机和软件，并由其控制的家用电器、装置或机器。
> - 智能电表：具有无线或有线通信功能的电表。它由于用电量和其他数据可以无线传输，因此无须人工抄表，还可以远程控制电力供应，这对灾难应对和维护工作非常有用。

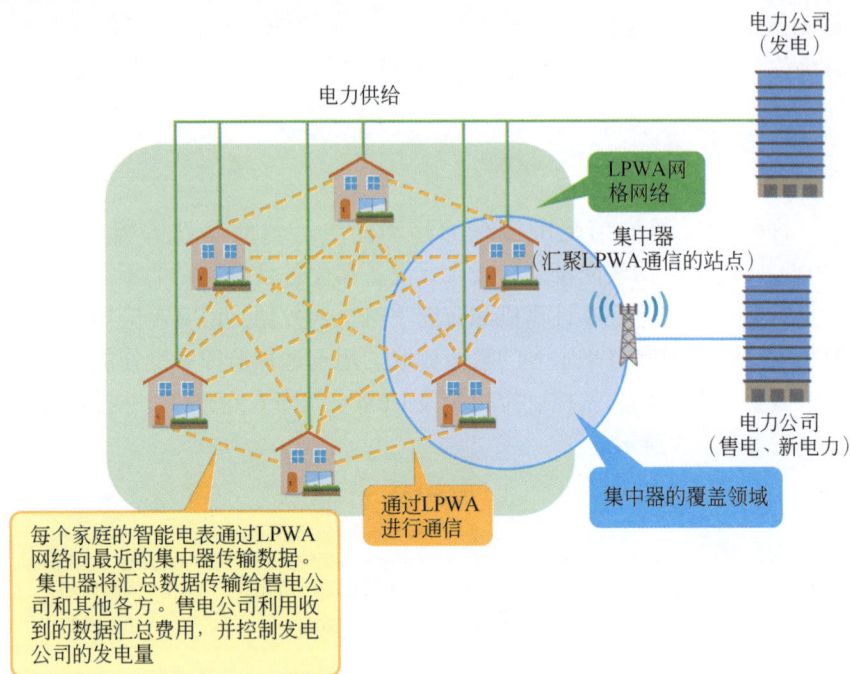

每个家庭的智能电表通过LPWA
网络向最近的集中器传输数据。
集中器将汇总数据传输给售电公
司和其他各方。售电公司利用收
到的数据汇总费用，并控制发电
公司的发电量

图 6.12　智能电表的供电网络示意图

6.8 与外部设备和 IC 卡进行短距离通信的技术
——Bluetooth / NFC

蓝牙和 NFC（Near Field Communications）是不同的标准，但二者通过短距离无线通信连接终端的技术相同。蓝牙主要用于连接智能手机和外部设备，而 NFC 主要用于非接触式 IC 卡通信。

6.8.1　小型电子终端的近距离通信标准

蓝牙是一种无线网络技术，与 Wi-Fi 等使用相同的 2.4GHz 无线电频段。2.4GHz 和 5GHz 的频段称为 ISM 频段，原本是由 ITU 分配给工业（industry）、科学（science）、医疗（medical）的机器所用的。蓝牙于

1994 年由爱立信公司构思并标准化，作为智能手机和音频设备等小型电子设备的短程通信标准。随后，包括诺基亚、英特尔、东芝和 IBM 等在内的 5 家公司于 1998 年将其标准化，5.2 版本是截至 2022 年 3 月的最新版本。BLE（蓝牙低功耗）也是蓝牙 4.0 中开发的一种低功耗标准。

☑ 6.8.2　非接触式 IC 卡通信技术

与蓝牙一样，NFC 也是一种短距离（10cm 以内）通信技术。NFC 使用 13.56MHz 无线电波，带宽低于蓝牙，专为短距离通信而设计，不需要电源。NFC 还适用于临时连接和通信，而蓝牙是一种使用配对方式来建立设备连接的技术，旨在反复使用。NFC 最初是作为非接触式 IC 卡的通信技术而开发和标准化的。在日本，它作为 FeliCa 被广泛使用，其标准包括 A、B、F 型和 ISO/IEC 15693。其中，F 型（ISO/IEC 18092）与 FeliCa 相对应，国内外的智能手机和可穿戴设备中的 NFC 功能均符合该标准，如表 6.4 与表 6.5 所示。NFC 的通信示意图如图 6.13 所示。

表 6.4　不同版本蓝牙的特征

版　　本	主　要　特　征
1.x	1Mb/s 的传输速度
2.x	3Mb/s 的传输速度、省电模式
3.x	24Mb/s 的传输速度
4.x	支持 1Mb/s 的传输速度，超低功耗模式（BLE）
5.x	支持 24Mb/s 的传输速度，对应于网状网络

表 6.5　主要 NFC 标准的种类

种　　类	主　要　用　途
Type A(Mifare)	taspo 等
Type B	驾驶证、居民基本信息登记卡等
Type F(FeliCa)	Suica、Edy、国内电子货币等
ISO/TEC 15693	IC 标记、IC 标签等

图 6.13　NFC 无线通信示意图

> **提 示**
>
> - **ITU**：International Telecommunication Union（国际电信联盟）的缩写，联合国专门机构之一，负责电波的国际分配、防止混信的国际调整、移动通信等标准化的促进等。
> - **BLE**：蓝牙扩展的特点之一是低功耗。据说一个锂干电池可以使用一年左右。
> - **13.56MHz**：标准规定的频率。蓝牙使用 2.4GHz 频段的频率。频率越低，功耗越小，但传输容量和速度也越低。

6.9 连接多个传感器的网络
——传感器网络

传感器网络是指以物联网设备等为首的各种传感器连接而成的网络。传感器网络标准包括 IEEE 802.15.4，其中一个实例就是 ZigBee。

☑ 6.9.1　连接传感器的传感器网络

传感器网络是指将温度计、照相机、压力传感器、加速度传感器、红外线传感器等连接起来而构成的网络。传感器本身将测量数据等传输到网络中，由主机设备或中央管理主机收集。

网络的连接形式多为星状，但在连接物联网设备时，也有终端节点智能自主的传感器网络。特别是在实际应用中，由于无法通过有线连接所有的传感器，而是以无线连接为前提，因此自主性非常有用。

无线传感器的网络标准是 IEEE 802.15.4，与蓝牙等相同，使用 2.4GHz 频段的频率。通信速度为 250kb/s，但由于连接了多个传感器，因此节点数最多为 65535。通信是加密的，以防止攻击者篡改和窃听传感器数据。传感器网络的结构示意图如图 6.14 所示。

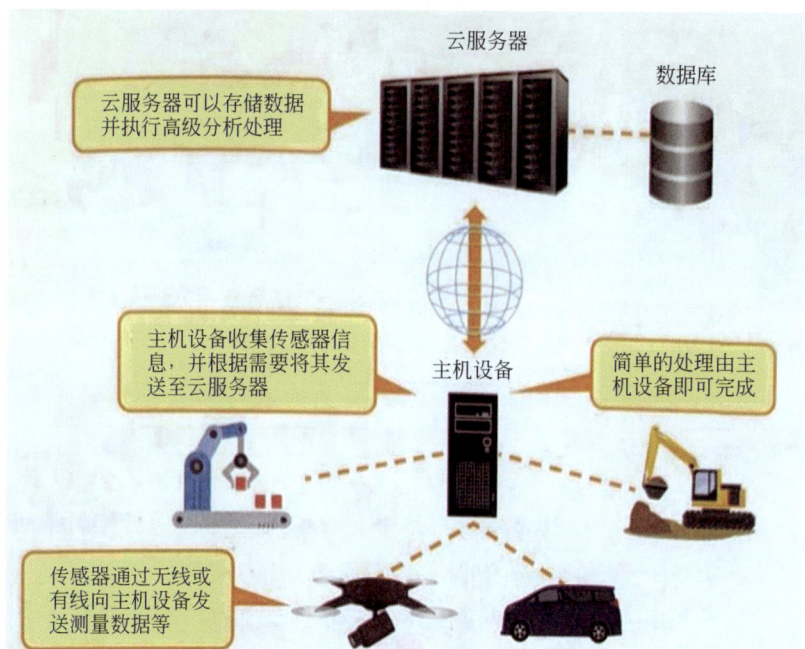

云服务器

数据库

云服务器可以存储数据并执行高级分析处理

主机设备收集传感器信息，并根据需要将其发送至云服务器

主机设备

简单的处理由主机设备即可完成

传感器通过无线或有线向主机设备发送测量数据等

图 6.14　传感器网络的结构示意图

☑ 6.9.2　ZigBee 已实现 IEEE 802.15.4

IEEE 802.15.4 的一个实施实例是 ZigBee 标准。ZigBee 不仅用于智

能建筑和工厂等传感器网络,还用于 NASA 火星探测车和无人机的通信。ZigBee 的网络包括具有网络管理功能的 ZigBee 协调器,有各节点自主连接的网状结构和以 ZigBee 路由器为中心的星状结构,可以根据用途选择连接方式,如图 6.15 所示。为了降低功耗,每个节点在没有信号时均处于休眠模式,在有信号时会在几秒内恢复。

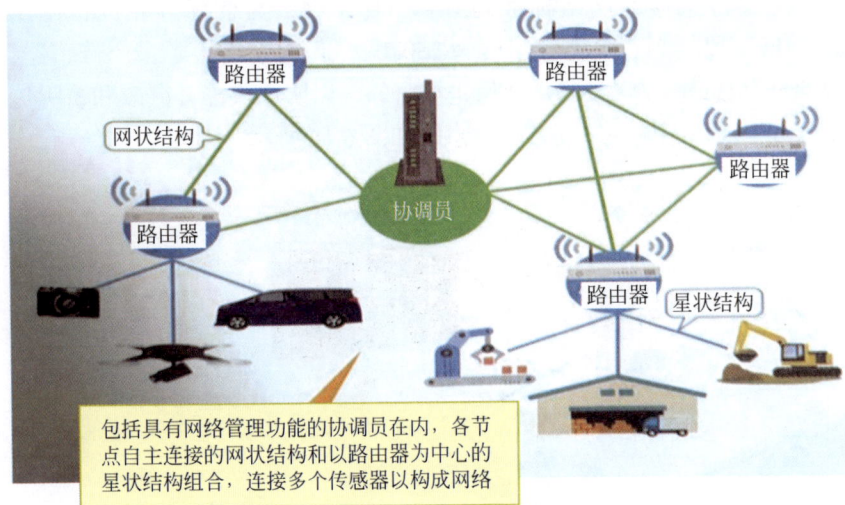

包括具有网络管理功能的协调员在内,各节点自主连接的网状结构和以路由器为中心的星状结构组合,连接多个传感器以构成网络

图 6.15 ZigBee 配置的网络示意图

提 示

• 主机设备:通过传感器网络进行数据收集和传感器控制等的终端。

• 智能:作为节点的传感器或主机设备即使没有收到中央管理服务器等的指令,也能自主地运转。

• IEEE 802.15.4:为传感器网络创建的无线通信标准。

• 智能建筑:整合电力、空调、安保、维护等功能,实现集中管理的建筑物。要进行这样的管理和控制,必须有一个传感器和一个网络。

专　栏　6

无线通信和海底电缆

① 可以随时随地进行无线通信

移动网络对于构建连接全球的网络至关重要。过去，使用卫星的长途通信服务也已实用化。最近，通过配备天线和中继站的气球、飞船和无人机，在相对狭小的区域内进行无线通信的技术也在研究中。这是为了使人们能够在任何地方进行单网连接，例如使用 Wi-Fi 接入点。如果这项技术得到实用化，那么在海洋、沙漠、丛林等地区，智能手机和移动设备都将能够自由使用。

② 环绕地球 30 圈的有线海底电缆

像印度尼西亚这样的由无数岛屿构成的国家，不仅需要使用卫星的高速、高频带的无线通信技术，蓝牙和 RFID 等近距离通信的需求也正在提高，但有线连接也很重要。实际上，遍布世界各地的网络大部分都是通过有线连接实现的。

海底电缆横跨太平洋和大西洋，如日本和美国之间以及美国和欧洲之间。世界海底电缆的总长度为 130 万千米。世界上第一条海底电缆于 1850 年在英法之间铺设。1906 年，日本和美国通过关岛和夏威夷建立了联系。当时，海缆由多股铜线组成，现在主要使用光纤电缆。

海底电缆是用电缆连接偏远地区的一种简单方式，如今仍有需求。信息和通信也是经济活动的关键因素，因此每个国家都希望通过大容量通信链路与世界其他地区相连。此外，出于安全考虑，现在越来越需要确保重要国家之间的电信线路相互连接。

第 7 章

安　　全

　　近年来，网络攻击迅速增多，通过网络破坏、篡改和窃取数据的案件屡见不鲜，因此有必要为应对恶意软件和信息泄露等风险采取安全措施。本章将介绍网络安全通信的技术和机制。

7.1 保护资产所需
——安全基础和概念

信息安全是所有领域的基本要素，尤其是如今的计算机都与网络连接在了一起，所以信息安全也可以视为网络安全。

☑ 7.1.1 信息安全与 CIA 的平衡

信息安全以 CIA 原则为基础，该原则包括保密性（confidentiality）、完整性（integrity）和可用性（availability）3 个要素。保密性是指信息受到保护和控制，只有合法的人才能获取信息。完整性是指信息保持准确状态，不被篡改或破坏。可用性是指上述准确信息可供适当使用。保密性和完整性往往与可用性相冲突。提高保密性和完整性会增加使用和修改信息的程序和限制，从而降低可用性。在信息安全中，必须在这三种功能之间保持平衡，如图 7.1 所示。

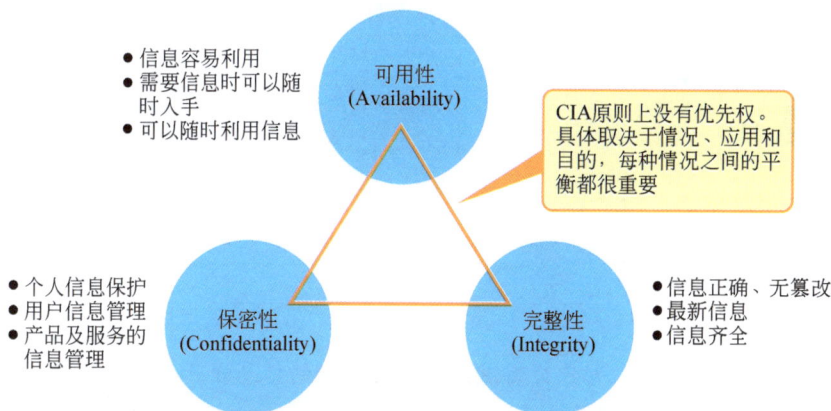

- 信息容易利用
- 需要信息时可以随时入手
- 可以随时利用信息

可用性
(Availability)

CIA原则上没有优先权。具体取决于情况、应用和目的，每种情况之间的平衡都很重要

- 个人信息保护
- 用户信息管理
- 产品及服务的信息管理

保密性
(Confidentiality)

完整性
(Integrity)

- 信息正确、无篡改
- 最新信息
- 信息齐全

图 7.1 信息安全 CIA 元素

☑ 7.1.2 审查信息安全的流程

信息安全首先要考虑"什么对个人或组织有保护价值"，它要确定

需要保护的信息资产，无论是个人电话号码、公司客户信息还是硬件本身，如图 7.2 所示。为确定这些信息资产带来的风险和威胁，需要列出哪些威胁（如地震、黑客攻击、恶意软件等）是自然灾害、信息泄露、法律变更等风险，如图 7.3 所示。然后考虑如何应对（或不应对）已确定的威胁。具体来说，包括技术措施和对策以及组织规则。在考虑前瞻性措施和事后应对措施时，需要采取加强网络安全性等技术措施。

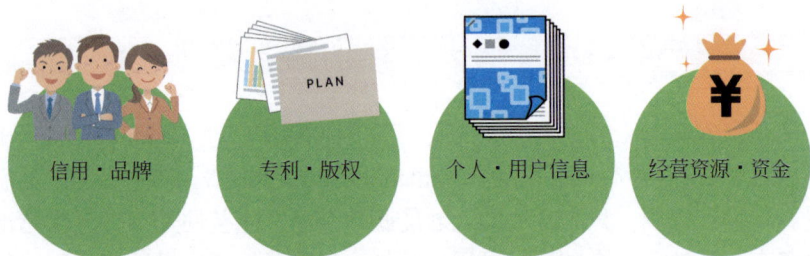

图 7.2　需要保护资产的实例

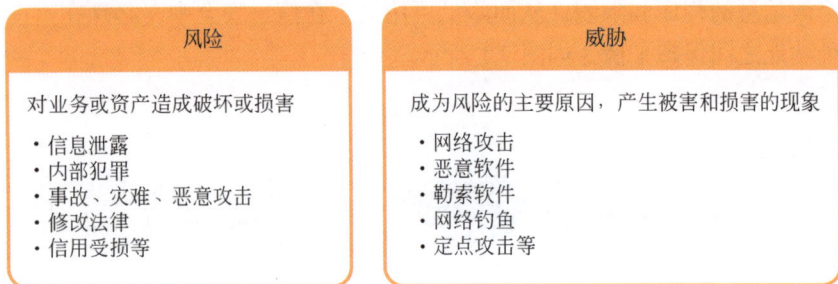

风险	威胁
对业务或资产造成破坏或损害	成为风险的主要原因，产生被害和损害的现象
·信息泄露 ·内部犯罪 ·事故、灾难、恶意攻击 ·修改法律 ·信用受损等	·网络攻击 ·恶意软件 ·勒索软件 ·网络钓鱼 ·定点攻击等

图 7.3　风险和威胁的实例

> **提　示**
> - 信息安全：列出公司或组织需要保护的信息资产（纸质和电子数据），确定优先事项和管理政策，并采取必要的措施和行动。
> - 信息资产：客户信息、员工信息、财务信息等在企业或组织活动中有价值的信息，无论是纸还是电子数据等记录媒体。
> - 风险和威胁：风险是造成损害的环境和可能性，威胁是引起风险的具体因素和现象。

7.2 恶意软件或程序
——恶意软件／计算机病毒

尽管近年来恶意软件在整个网络攻击中所占的比例相对下降，但它仍然是主要的信息安全威胁之一。恶意软件种类繁多，需要采取适当的应对措施。

☑ 7.2.1 计算机病毒与恶意软件的区别

根据信息技术振兴机构（IPA）的定义，计算机病毒具有自感染、潜伏和致病功能。以前，它泛指任何危害计算机的东西，但现在有越来越多的病毒不具有明显的自感染或潜伏功能，只具有入侵或攻击功能，或者以更复杂的方式运行。因此，"恶意软件"一词现在被用作恶意软件或程序的统称。

☑ 7.2.2 具有负面影响的恶意软件或程序的种类

恶意软件是对计算机和其他设备造成负面影响的恶意程序或软件的总称，主要类型如下。

（1）计算机病毒：具有自我传染功能，在发作前有一段潜伏期。计算机病毒不能独立存在，而是通过寄生在现有程序中进行传播。

（2）蠕虫：通过网络等进入系统并独立传播，会对其他程序的运行等造成不利影响。

（3）特洛伊木马：伪装成看似无害的软件或程序，然后感染其他程序并对其运行产生不利影响。一般来说，它们没有自我传播功能。

（4）间谍软件：监控和记录键盘和鼠标操作、显示屏幕等，并向外部泄露，不具备自我传染功能。

除此之外，还有其他一些针对恶意软件功能的分类，它们根据功能进行分类，其中一些分别结合了计算机病毒和蠕虫的特征，如表 7.1 所示。

表 7.1 恶意软件的主要功能分类

种　类	机　能
下载器	从攻击者服务器下载并感染恶意软件本身的程序
键盘记录器	监控和记录键盘输入并向外界泄露的程序
勒索软件	对计算机中的数据进行加密或公开，并要求提供赎金才能解锁屏幕的程序
RTA	可以远程控制计算机或窃取数据的程序
后门	创建后门，允许未经授权的用户进入计算机
路由工具包	下载器和键盘记录器等的入侵和远程操作所需的工具组合
提取	利用应用程序和系统的脆弱性进行攻击的程序

计算机病毒、蠕虫和特洛伊木马的特征如图 7.4 所示。

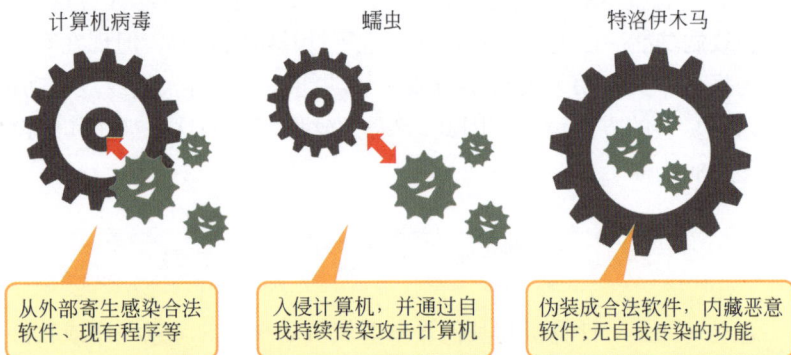

图 7.4　计算机病毒、蠕虫和特洛伊木马的特征

用兰萨姆软件显示的画面的实例如图 7.5 所示。

图 7.5　用兰萨姆软件显示的画面的实例

> **提　示**
> - 自我传染功能：能够在其他程序中创建自己的副本，从而传播和扩散感染。
> - 潜伏功能：在满足一定时间或处理次数等条件之前不启动的功能。
> - 发病功能：破坏或窃取数据等对计算机产生实际不良影响的行为与功能。

7.3 无法识别状态下的通信技术 ——加密技术

加密是网络通信的一项基本技术，VPN 等虚拟网络就是建立在加密技术的基础上的，加密技术还用于保护通信内容。

7.3.1　加密技术的基本概念

加密是通过某种手段将数据转换成一种无法破译的状态的技术。就文本数据而言，加密将数据转换为无意义的字符串。如果知道加密的计算方法，就有可能将加密数据转换回原始数据。加密过程或计算方法称为"加密算法"，用于计算算法的特定代码（数字数据）称为"密钥"。即使算法（计算方法）已知，如果没有用于计算的密钥（特定代码），也无法进行加密和解密。密码的保密性由密钥来维持。

7.3.2　散列函数加密

加密根据密钥的特性和其他因素，主要有公用密钥加密法（密钥加密法）、公开密钥加密法和散列函数这三种方案。关于公用密钥加密法和公开密钥加密法的详细说明，请参见 7.4 节。散列函数是一种在原始数据（明文）上输出特定处理结果（散列值）的函数。与其他加密方案不同的是，散列函数加密时不使用密钥，解密时也不使用密钥，算法可以使用随机

数或特殊参数，但即使知道它们也无法解密。明文和散列值之间几乎是
一一对应的，但几乎不可能将散列值计算回明文。由于这一特性，散列
函数被用于存储密码和防止数据被篡改。由于散列函数总是从相同的数
据中输出相同的散列值，因此通过检查注册的值是否与散列函数处理输
入值的结果相匹配即可验证密码，如表 7.2 与表 7.3 以及图 7.6 所示。

表 7.2　主要加密方式和密码算法

主要加密方式的种类	特　征
公用密钥加密方式	加密和解密使用相同的密钥（公用密钥）。公用密钥必须以安全的方式共享
公开密钥加密方式	加密和解密使用不同的密钥（公钥和私钥）。公开密钥在网络上公布，但即使有公开密钥和密文，如果没有配对的私人密钥，也无法解密
散列函数	对原始数据（文本）实施一定处理后的结果（散列值）输出的函数，不使用密钥，无法解码

表 7.3　主要加密密码的算法

算法	加密方式	特征、功能
AES	公用密钥加密方式	用于各种加密通信，如 VPN 和 SSL
RC4	公用密钥加密方式	用于 Wi-Fi 中的 WPA2 和 SSL
RSA	公开密钥加密方式	用于 HTTPS 或电子签名等
DSA	公开密钥加密方式	美国政府电子签名标准
ECDSA	公开密钥加密方式	区块链使用椭圆曲线加密法

图 7.6　散列函数加密示意图

> **提 示**
>
> - 恢复到原始数据：将加密数据恢复为原始数据的过程称为解密。可破译的原始数据称为明文，而加密后无法破译的数据称为密文。
> - 密码存储：与其在数据库中以纯文本或密钥密码的形式存储密码，不如以散列值的形式存储密码，并在每次输入密码时用相同的散列函数检查输入密码的处理结果，这样更安全。
> - 混合随机数和特殊参数的处理：在输出散列值时，有一些方法不是原封不动地使用原始数据，而是在转换过程中通过添加随机数或参数(如时间信息或特定值)来增加散列值的强度。解密的原理是分析特殊输入值和输出值之间的关系，如全为零，并尝试逆转（解密）散列值，但在此过程中混入这些随机数和参数会增加解密的难度。

7.4 基于密钥的加密和解密技术
——公用密钥加密方式 / 公开密钥加密方式

密钥的加密技术有两种，即公用密钥加密技术和公开密钥加密技术，它们是维护网络保密性和数据包完整性所必需的。公开密钥加密技术也适用于数字签名。

☑ 7.4.1　公用密钥加密方式和公开密钥加密方式的区别

用于加密的密钥（公用密钥）由数据发送方和接收方秘密共享，这种加密通信方式称为"公用密钥加密法"。这种方式中，需要安全地共享公用密钥，因为通过网络交换数据时存在泄漏的风险，如图 7.7 所示。

另一方面，使用两个密钥（公钥和私钥）进行加密和解密的加密通信方法称为"公开密钥密码系统"。发送方使用接收方共享的公钥对原始数据进行加密并发送。 加密数据只能用接收方持有的私人密钥解密，

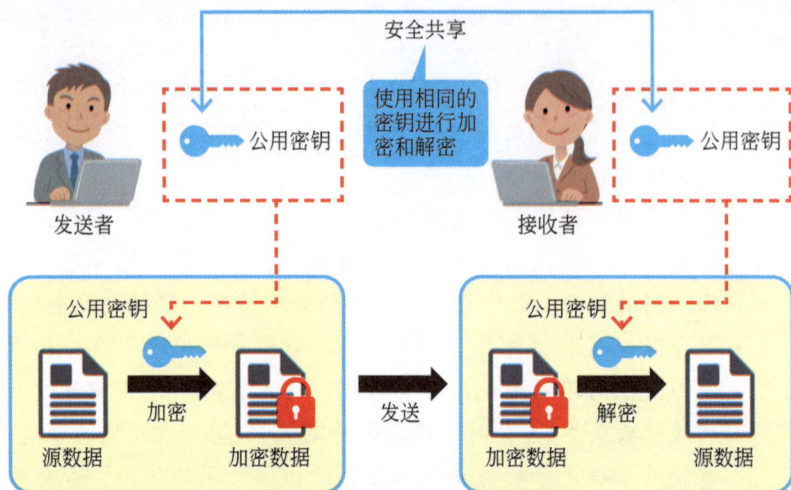

安全共享

使用相同的密钥进行加密和解密

公用密钥 — 发送者 — 接收者 — 公用密钥

公用密钥 — 源数据 — 加密 — 加密数据 — 发送 — 加密数据 — 解密 — 源数据 — 公用密钥

图 7.7 公用密钥加密方式的原理

从而建立加密通信。由于用于加密和解密的密钥不同，如果用于解密的私人密钥只对自己保密，那么在网络上传输公开密钥就是安全的。公开密钥密码加密方式可以在网络上共享公钥，所以被用于 HTTPS 通信和 VPN 通信的协商、密钥交换、数字签名等。

☑ 7.4.2 反向使用公开密钥加密的数字签名

在公开密钥加密中，与上述流程相反，如果发送方发送用其私人密钥加密的数据，接收方可以用其公钥解密数据，则意味着加密通信没有建立。但是，加密数据可以用发送者的公开密钥解密，这就证明数据是用只有发送者才持有的私钥加密的，这一原则适用于数字签名。为确保这一证明，必须证明公开密钥不是伪造的，确实属于发件人，认证机构就负责这项工作，如图 7.8 所示。

> **提 示**
>
> - 协商：在 HTTPS 和 VPN 通信（如 IPsec）中，在协商过程中会使用公用密钥加密技术时先生成密钥并进行加密通信，以便为每个会话生成安全密钥。

- 欺骗：骗取账户信息、IP 地址或 URL、数字签名等以冒充特定用户或主机。如果公开密钥的所有者被冒充，就无法验证。必须由证书颁发机构证明公开密钥是否属于合法拥有者。

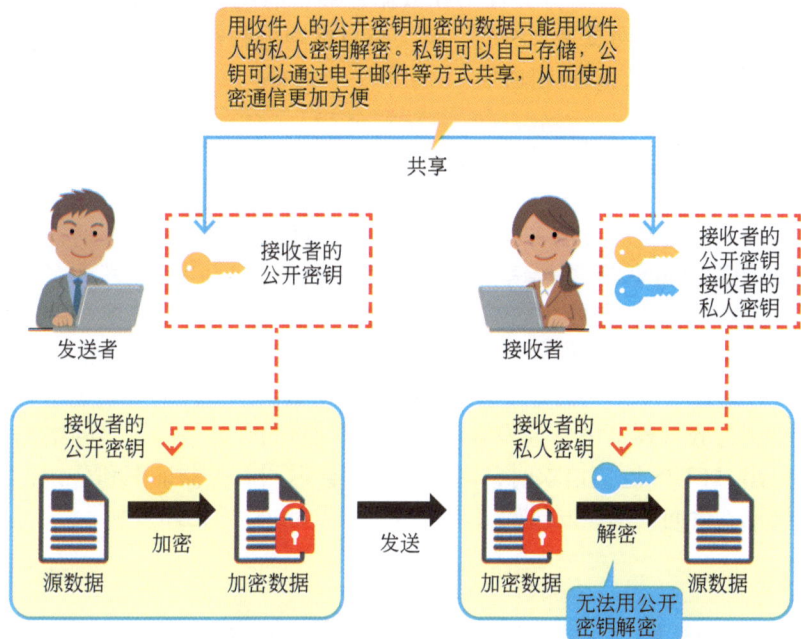

用收件人的公开密钥加密的数据只能用收件人的私人密钥解密。私钥可以自己存储，公钥可以通过电子邮件等方式共享，从而使加密通信更加方便

共享

接收者的公开密钥

发送者

接收者的公开密钥
接收者的私人密钥

接收者

接收者的公开密钥

源数据 → 加密 → 加密数据

发送

接收者的私人密钥

加密数据 → 解密 → 源数据

无法用公开密钥解密

图 7.8　公开密钥加密的工作原理

7.5 证明连接点合法性的原理
——服务器证书 / 证书颁发机构

使用公开密钥加密方式还可以证明所连接的网页不是欺骗网页或攻击者的网页。服务器证书可以用于证明身份，由认证机构颁发。

☑ 7.5.1　用于证明身份的服务器证书

在网页上输入密码或信用卡卡号等信息时，必须对通信进行加密，以防止他人窃听。然而，即使通信经过加密，但如果连接目的地是伪装的网页或攻击者的网页，也是毫无意义的。

这就是服务器证书的作用所在。服务器证书是互联网上的一种机制，认证机构（CA）通过使用公开密钥加密技术的数字签名来提供身份证明。在 HTTPS 通信中，服务器证书在数据包加密前从连接点接收，以验证其有效性。如果网页是合法的，就会与目标网页服务器交换加密方法和密钥的信息，并启动加密通信。

☑ 7.5.2　签发服务器证书的认证机构

认证机构是签发服务器证书的组织，可以在进行 HTTPS 通信等时认证所连接的网络服务器等的合法性。服务器证书由认证机构服务器颁发。为了使公司网站与 HTTPS 通信兼容，公司需要向认证机构登记公司及其网站服务器的信息。在注册过程中，会对公司的注册信息进行检查，并通过当面或电话检查公司网站是否为真实的。一对公钥加密私钥和公钥与服务器证书一起发放给网站。在 HTTPS 通信中，当网络浏览器提出 HTTPS 通信请求时，网络服务器会返回服务器证书和公钥，网络浏览器会向证书颁发机构要求检查服务器证书，如图 7.9 所示。

> **提　示**
>
> - 加密化：作为一种加密措施，提供加密通信的 HTTPS 协议现已被用作一种标准。
> - 认证机构服务器：由认证机构运营的服务器。通过与注册信息核对，证明公开密钥是否合法。
> - HTTPS 通信具有加密通信和存在证明的功能：HTTPS 通信有两个功能，即加密通信和通过服务器证书证明网站的存在。过去，只有信用卡卡号输入等需要安全通信的网页才支持 HTTPS 通信。不过，从安全措施的角度来看，HTTPS 加密通信现已成为标准。认证机构颁发的服务器证书是收费的，但根据金额的不同也有区别，例如证书是在线颁发的，或者是经过严格的注册检查后颁发的证书等。此外，随着 HTTPS 通信成为强制性通信，出现了一些免费颁发证书的认证机构。目前，HTTPS 通信更多地被定位为加密通信功能，而不是网站存在的证明。

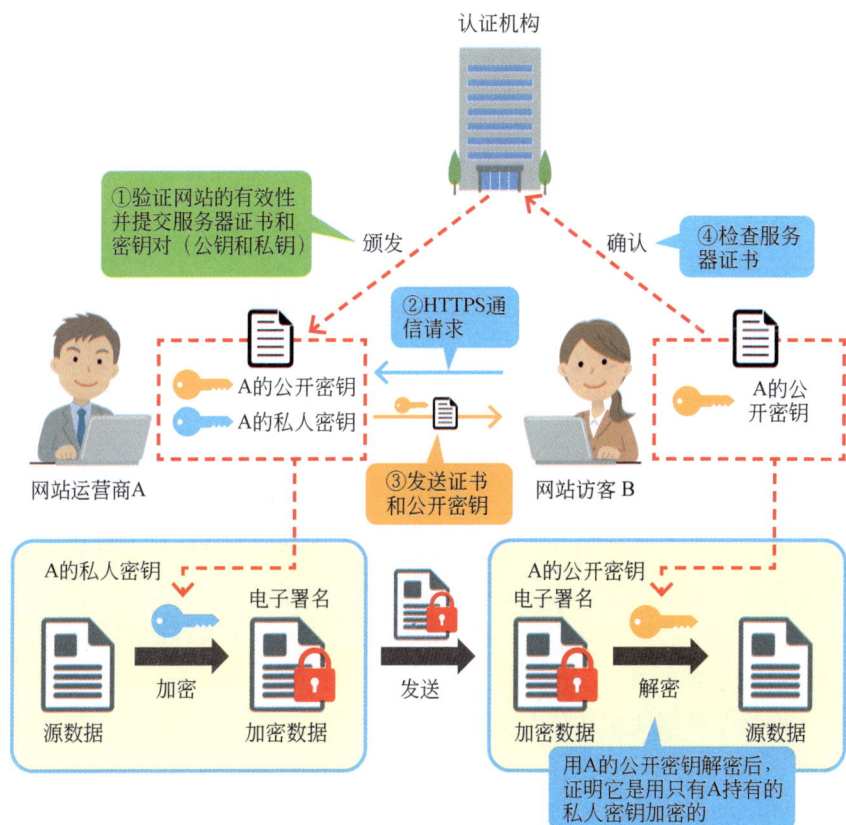

认证机构

①验证网站的有效性并提交服务器证书和密钥对（公钥和私钥）

颁发

确认

④检查服务器证书

②HTTPS通信请求

A的公开密钥
A的私人密钥

A的公开密钥

网站运营商A

③发送证书和公开密钥

网站访客 B

A的私人密钥

电子署名

源数据 → 加密 → 加密数据

发送

A的公开密钥

电子署名

加密数据 → 解密 → 源数据

用A的公开密钥解密后，证明它是用只有A持有的私人密钥加密的

图 7.9　使用服务器证书和公钥加密方式进行电子签名

7.6 加密通信协议
——SSL/TLS

　　SSL（安全套接层协议）和 TLS（传输层安全协议）是规定了加密通信步骤的协议。在使用公开密钥加密方式确认连接目的地的合法性后，生成加密通信所需的密钥，进行数据包的加密和解密。

☑ 7.6.1　SSL 改良与 TLS 设计

　　SSL 和 TLS 都是对网络浏览器和网络服务器之间的通信进行加密的协议。HTTPS 协议没有规定详细的加密程序，而是使用网络浏览器中的 SSL 协议。由于 SSL 是网络浏览器开发源的协议，所以互联网技术标准化组织的 IETF 重新将其设计为 TLS，并成为互联网的标准。TLS 是继 SSL 后设计的，但两者不具有严密的兼容性。此后，由于 SSL 和 TLS 1.1 以前的协议发现了漏洞，所以它们被弃用，现在 TLS 1.2 和 TLS 1.3 成为正式协议。

☑ 7.6.2　基于 TLS 的加密通信

　　TLS 加密通信使用公开密钥加密法，网络浏览器从网络服务器接收服务器证书和公钥，并在认证机构验证服务器证书。网络浏览器使用收到的公钥对生成加密通信密钥所需的信息（随机数）进行加密，并将其发送给网络服务器。

　　网络服务器使用其私人密钥对随机数进行解密，并生成一个加密通信密钥，这意味着加密通信的密钥在网络浏览器和网络服务器之间共享，用于随后的加密通信，而密钥本身不会在网络上传输。网络浏览器和网络服务器之间交换的数据是加密的，可以防止网络上的设备欺骗、窃听和篡改，如图 7.10 与图 7.11 所示。

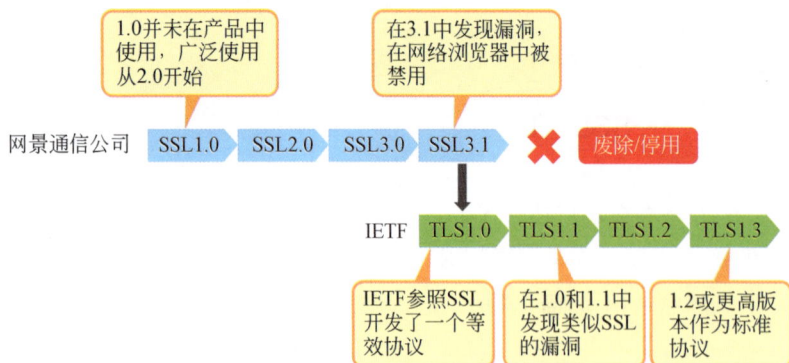

图 7.10　从 SSL 向 TLS 的改进过程

网络浏览器

网络服务器

①加密通信的连接请求

②发送服务器证书和公开密钥

公开密钥 服务器证书

认证机构

③验证证书的合法性

④生成随机数并用公开密钥加密

⑤发送加密随机数

⑥用密钥解密加密的随机数

加密通信密钥

⑦用随机数生成加密通信的密钥

加密通信密钥

⑦用随机数生成加密通信的密钥

⑧使用加密通信密钥进行加密通信

公开密钥 服务器证书

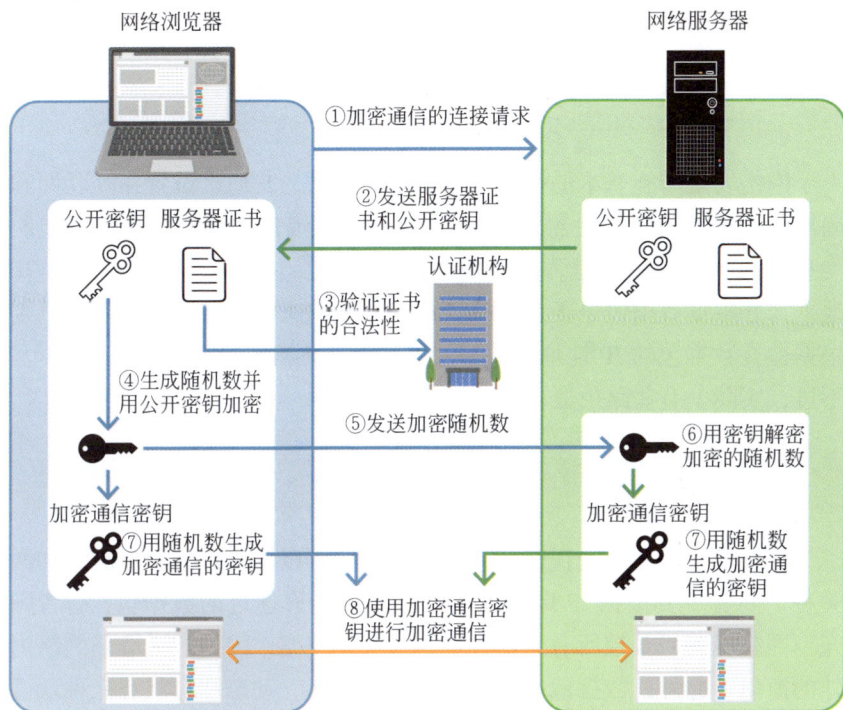

图 7.11 使用 TLS 进行加密通信的示意图

提 示

- 网络浏览器开发商：SSL 由网景通信公司开发，该公司是当时的主要网络浏览器 NetscapeNavigator 的开发商。
- 加密通信密钥：用于加密通信的共享密钥；网络浏览器端用公钥对生成该密钥所需的随机数进行加密，网络服务器端用私钥对随机数进行解密，从而生成并共享用于加密通信的密钥。

7.7 管控外部攻击的工作原理
——防火墙

防火墙是安装在网段边界的一种网关，它的主要作用是阻止来自外部的不需要的数据包和可疑连接。

☑ 7.7.1　作为基本安全措施的防火墙

　　网络安全措施基本的机制之一就是防火墙，其通常设置在互联网和局域网边界的边缘路由器之后（内侧）。防火墙的功能是检查数据包的类型和内容，并决定是否让它们进入局域网。路由器检查数据包的 IP 地址，并根据数据包是否指向其管理的局域网来确定标准。而防火墙则根据检查数据包的 IP 地址、端口号和数据包内容确定是否放行数据包。不过，实际上有些路由器也具有防火墙功能。

☑ 7.7.2　防火墙的类型

　　根据检查数据包的程度和方法，防火墙可以分为数据包过滤型和网关型。前者主要根据 IP 地址或端口号管控允许通过的数据包；后者则充当网络网关，管控所有通信，也称为代理类型，因为防火墙是网络内外的窗口。此外，数据包过滤型可以分为静态、动态和有状态三种。静态类型使用固定的 IP 地址和端口号列表来阻止或允许通过。动态类型使用动态列表，例如允许回复特定通信。有状态类型不仅监控数据包，还监控协议程序，以阻止未经授权的访问，如图 7.12 所示。

提　示

- 数据包的实质：这里指的是数据报头和有效载荷等信息。防火墙一般通过 IP 地址和端口号进行控制，但有些产品会读取详细信息并限制某些应用程序的访问。
- 代理类型：代理是互联网与局域网边界的一种功能，代表互联网处理数据包的进出。数据包可以通过代理服务器进行路由，以实现数据包控制、访问负载分配和安全措施。
- 国家层面上管控通信的防火墙：防火墙通常安装在互联网（广域网）与公司或组织的内联网（内部局域网）之间的边界。

数据包过滤型

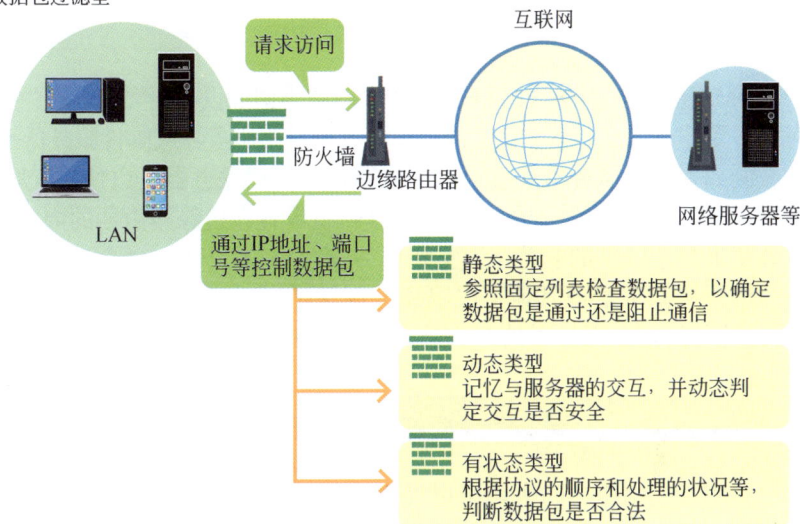

请求访问

互联网

防火墙
边缘路由器

网络服务器等

LAN

通过IP地址、端口号等控制数据包

静态类型
参照固定列表检查数据包，以确定数据包是通过还是阻止通信

动态类型
记忆与服务器的交互，并动态判定交互是否安全

有状态类型
根据协议的顺序和处理的状况等，判断数据包是否合法

网关型（代理型）

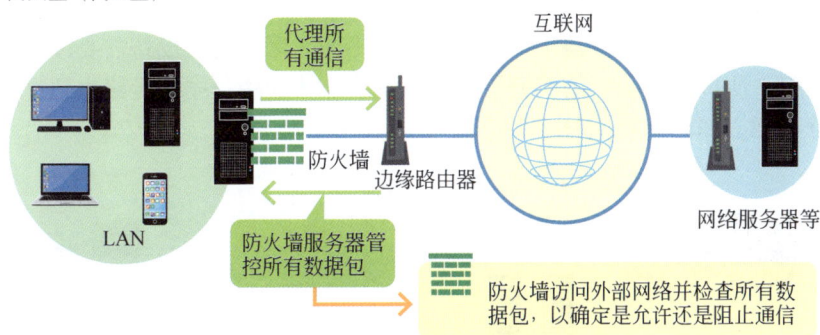

代理所有通信

互联网

防火墙
边缘路由器

网络服务器等

LAN

防火墙服务器管控所有数据包

防火墙访问外部网络并检查所有数据包，以确定是允许还是阻止通信

图 7.12　数据包过滤型和网关型的特征

7.8 与内部网络隔离的网段
——DMZ

　　DMZ（DeMilitarized Zone）是介于外部网络和内部网络之间的网络段，它用于保护需要从外部访问的服务器和不对外开放的内部网络。

☑ 7.8.1　公共服务器和内部网络的保护

　　DMZ 是网络上的一个网段，用防火墙或类似的设备隔离，以保护内部网络不受外部攻击，通常在外部部署公开的网络服务器或邮件服务器等。

　　例如，网络服务器允许通过互联网访问网络服务器，以便在互联网上公开网站。在这种情况下，网络服务器将设置在边缘路由器的内部段，但会使来自于外部的非特定数据包成为安全风险。因此，网络服务器所在的网段被防火墙或其他手段隔离，以保护内部网络。DMZ 是一个双层保护网段，用于保护对外开放的服务器和不直接对外开放的内部网络。

☑ 7.8.2　通过使用路由器等实现 DMZ 的多样化

　　在实际网络中，防火墙可以设置在 DMZ 之前或之后。路由器产品包括具有防火墙功能的路由器和具有 DMZ 功能的路由器，从而实现灵活的 DMZ 环境。路由器、网关和防火墙作为网络设备通常是独立的硬件，其设备的实质与服务器（计算机）并无不同。因为网络设备需要读取数据包，所以内部运行的服务器操作系统会作为应用程序执行路由和过滤等功能，如图 7.13 与图 7.14 所示。

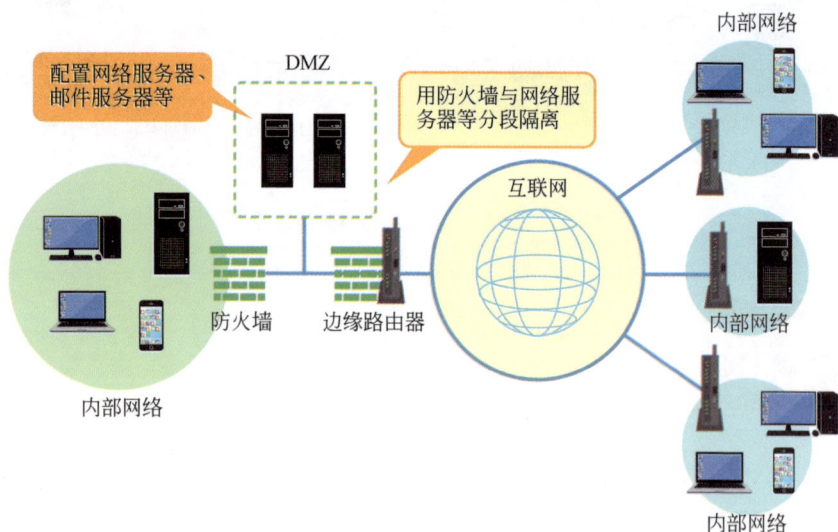

图 7.13　DMZ 中隔离网段的网络示意图

● 两份道防火墙的情况

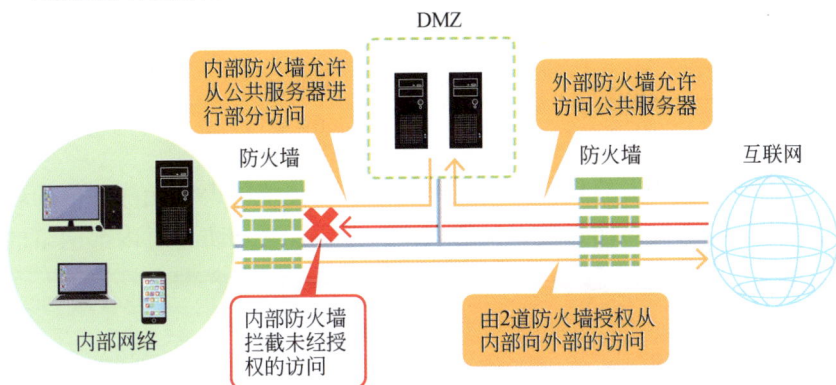

DMZ

内部防火墙允许从公共服务器进行部分访问

外部防火墙允许访问公共服务器

防火墙

防火墙

互联网

内部网络

内部防火墙拦截未经授权的访问

由2道防火墙授权从内部向外部的访问

● 一道防火墙的情况

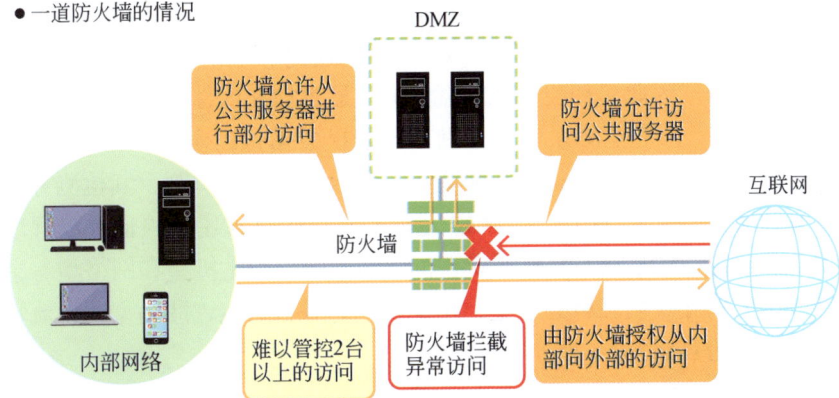

DMZ

防火墙允许从公共服务器进行部分访问

防火墙允许访问公共服务器

防火墙

互联网

内部网络

难以管控2台以上的访问

防火墙拦截异常访问

由防火墙授权从内部向外部的访问

图 7.14　防火墙在 DMZ 中的工作原理

提　示

- **访问网络服务器**：网络服务器有一个分配给每个公司的全局 IP 地址，作为公司网络的节点之一，必须受到严格保护。
- **过滤**：阻止可疑或有风险的通信，只允许安全通信通过的机制。例如，网络服务器本应供所有人访问，但在受到攻击时特定访问会被阻止，或内部网络访问会被阻止。

7.9 检测内部网络入侵的构造
——IDS/IPS

随着网络攻击的日益复杂，出现了一些传统防火墙无法防范的攻击。防火墙不仅要加强数据包的入口，还要检测和防止对内部网络的入侵。

☑ 7.9.1　检测未经授权非法入侵数据包的 IDS 和 IPS

防火墙防御的基本理念是通过提高入口壁垒和加强检测来确保内部安全的。然而，随着攻击者的作案手法越来越高明，只加强入口是无法防止入侵的。因此，还需要在恶意数据包通过后在内部进行检测并消除入侵。IDS（入侵检测系统）检测未经授权数据包的入侵，而 IPS（入侵防御系统）则是一种检测和防止未经授权数据包的机制，其检测方法与有状态类型防火墙类似，除 IP 地址和端口号外，还要验证协议程序和处理状态。IDS 和 IPS 根据安装位置的不同分为主机型和网络型。主机型作为软件安装在服务器上，用来检查恶意数据包，网络型监视流转于网络上的数据包。

☑ 7.9.2　抵御各类攻击的机制

IDS 和 IPS 以及功能强大的防火墙也被称为下一代防火墙（NGFW）。除 IP 地址和端口号外，还根据数据包内容、协议程序、处理状态和每个应用程序的数据包动向等各种因素进行验证。除此之外，还有可保护与防范 SQL 注入、XSS 和 CSRF 等网站漏洞攻击的 WAF（网络应用防火墙），以及将 IDS、防病毒和日志监控等多种功能集成到防火墙中的 UTM（统一威胁管理）机制，如图 7.15 与图 7.16 所示。

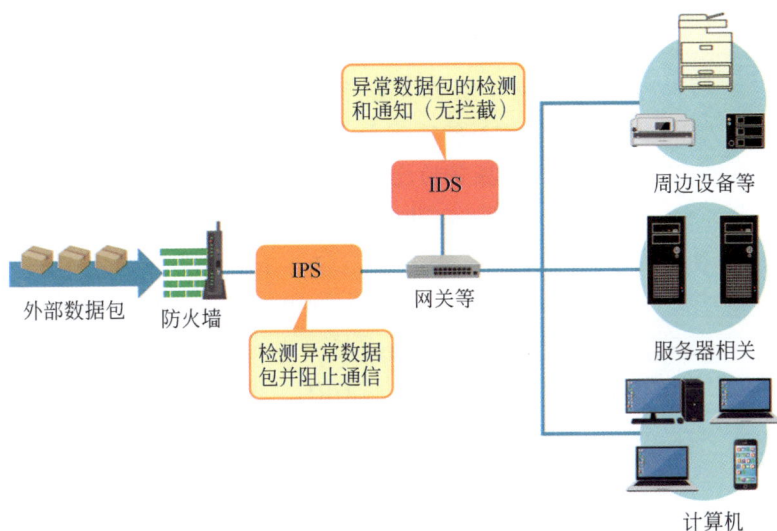

异常数据包的检测
和通知（无拦截）

IDS

IPS

检测异常数据
包并阻止通信

外部数据包　防火墙　网关等

周边设备等

服务器相关

计算机

图 7.15　IDS 和 IPS 功能示意图

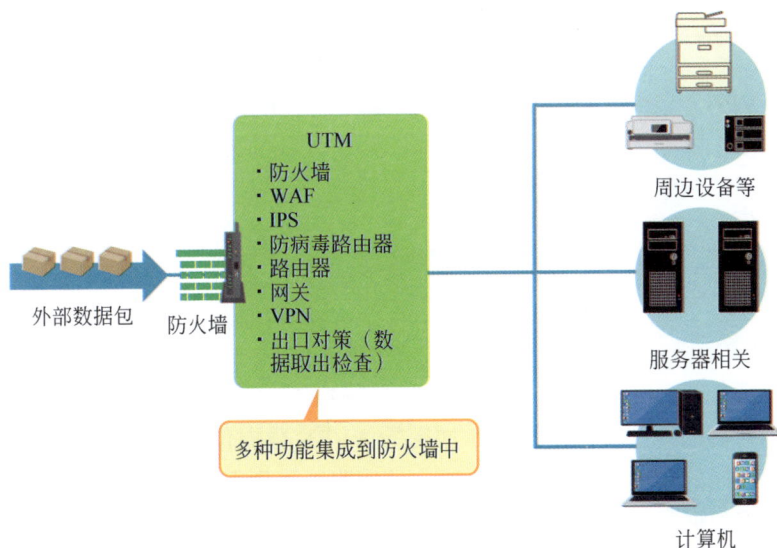

UTM
· 防火墙
· WAF
· IPS
· 防病毒路由器
· 路由器
· 网关
· VPN
· 出口对策（数
  据取出检查）

外部数据包　防火墙

多种功能集成到防火墙中

周边设备等

服务器相关

计算机

图 7.16　UTM 功能示意图

> **提示**
>
> - 防御对策：防火墙和其他安全产品的配置方针。
> - SQL 注入：通过插入特殊字符串等方式，迫使使用数据库的网站执行未经授权操作的攻击技术。
> - XSS：Cros Site Scripting 的缩写，是一种攻击技术，攻击者在目标网站上植入简化程序，然后在访问者的计算机上非法执行。
> - CSRF：Cross-Site Requestforgeries（跨站查询伪造）的缩写，攻击者强迫浏览者打开伪装的 URL，并在显示的网站上执行某种操作。

7.10 建立网络内虚拟专用线路的技术
——VPN/隧道

VPN（Virtual Private Network）是一种在网络内虚拟构建一条专线的技术，该专线向公众开放，并与不特定人数的人连接，但只能与特定方使用。VPN 通信通过加密和其他手段受到保护。

☑ 7.10.1 在互联网上构建虚拟专线

VPN 是一种技术，它创建了一条通往互联网等公共（未指定）网络的虚拟专用线路。当主机（通常是路由器）通过 VPN 相互连接时，它们与目的地交换的数据包是加密的。VPN 数据包与其他数据包一样，通过不同的路由器发送到目的地，虽然路径受到保护，但中继路由器无法解密数据包的内容。

这类技术称为隧道。但是，"隧道"这个术语本来是指将不同协议的数据包直接放入其他协议的数据包中进行传输的技术，而路径的加密不是必须的。当路径中存在不同协议的网络时，隧道技术有助于将数据包顺利传输。我们时常把这种处理称为"封装"。

☑7.10.2　用于加密和隧道的 VPN 协议

　　VPN 的典型协议包括 IPsec、L2TP、PPTP 和 SSL-VPN。IPsec 是一种能够验证连接和加密数据包的协议，已成为互联网标准。L2TP 是一种不对数据包进行加密的协议，它使用隧道在连接目标和 VPN 之间建立专用路径。PPTP 曾被作为 Windows 的标准协议，因为 SSL-VPN 使用 SSL（会话层协议），所以当希望网络浏览器连接设定为 VPN 时，就可以使用 SSL-VPN。SSL-VPN 通过 HTTPS 实现加密和隧道技术，如图 7.17 至图 7.19 所示。

图 7.17　局域网间 VPN 连接示意图

图 7.18　终端与局域网间 VPN 连接示意图

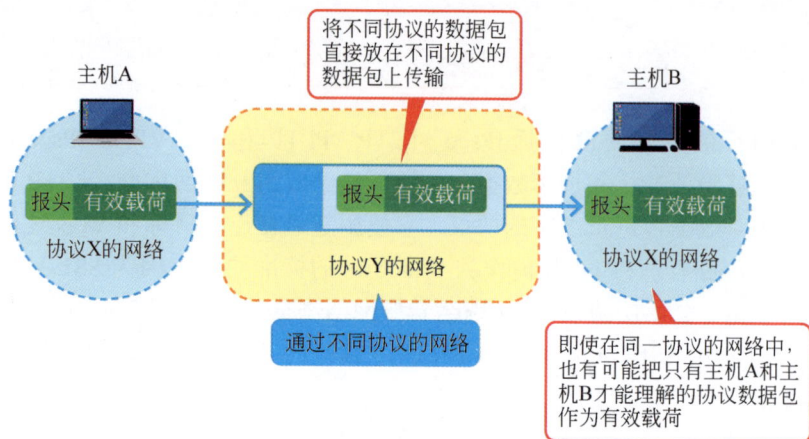

将不同协议的数据包直接放在不同协议的数据包上传输

主机A

主机B

报头 有效载荷

协议X的网络

报头 有效载荷

协议Y的网络

报头 有效载荷

协议X的网络

通过不同协议的网络

即使在同一协议的网络中，也有可能把只有主机A和主机B才能理解的协议数据包作为有效载荷

图 7.19 隧道技术示意图

> **提 示**
>
> - 封装：程序设计等方面的术语，用于将数据、操作等归类到一个对象中，通过隐藏其内部状态进行处理。
> - L2TP：在需要加密时，通常会将 L2TP 和 IPsec 结合使用。

7.11 检测网络异常的方法
——流量监视 / 日志监视

为了确保网络安全，除了管控访问和加密通信之外，流量监视和日志监视对于确保网络安全也很重要。最近，人工智能已被用于自动监视。

☑ 7.11.1 监视流量和日志以检测异常情况

为了保持高水平的安全级别，每天监视和验证网络状态非常重要。如果不了解网络状态，即使出现异常，也很难知道异常是已经持续了一段时间还是突然发生的。此外，攻击方法也越来越多，例如利用服务器和应用程序的漏洞、使用恶意程序和冒充合法用户。如果用户使用盗用的账户正确登录，则更难检测到未经授权的操作。要检测网络上的可疑行为，可以监视网络流量。例如，检查是否有通常不会出现的来自国外的访问或通信。还可以检查服务器事件日志，查看是否有可疑通信、关键数据访问和频繁的登录错误。

☑ 7.11.2 流量和日志监视的工作原理

流量监视可以通过下一代防火墙或具有数据包捕获功能的网络设备等先进产品来实现。通过这些功能可以不断检查网络上的数据包，从而近乎实时地发现异常。日志监视还包括使用软件分析服务器的日志文件，检查日志文件中留下的攻击痕迹和异常情况，以确定是否发生过异常情况。在日志监视中，软件会对过去发生的情况进行检查，如图 7.20 与图 7.21 所示。

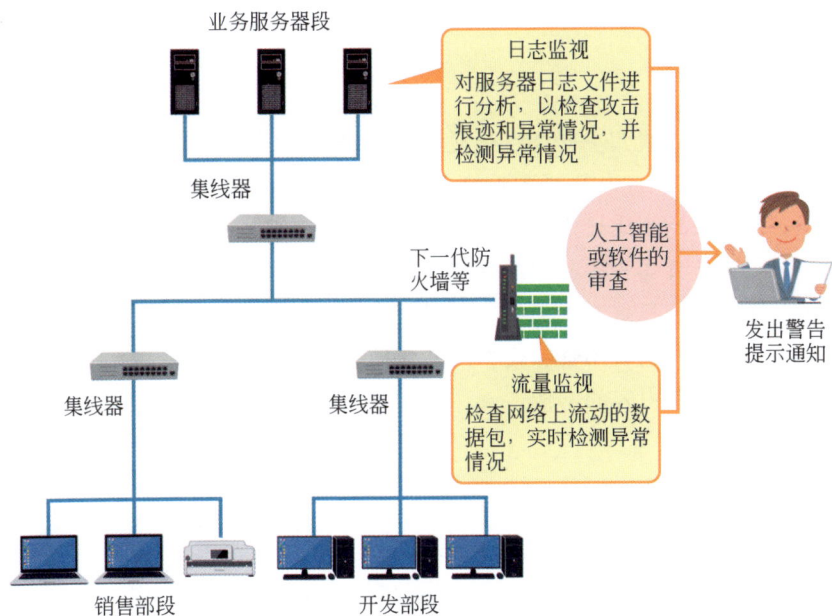

图 7.20 流量和日志监视的工作原理示意图

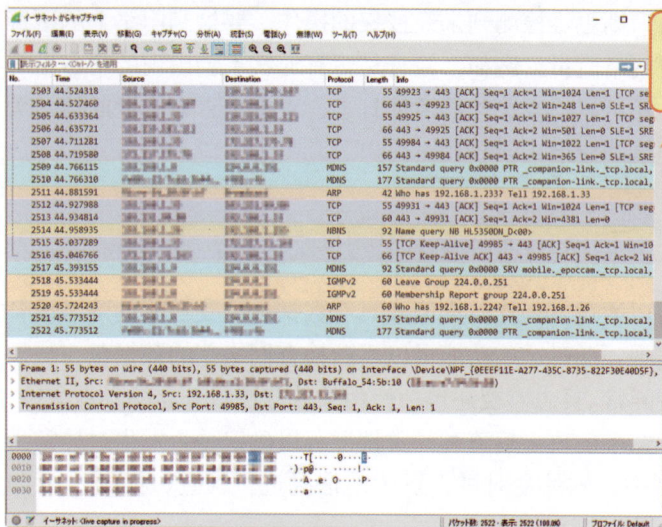

显示网络上数据包的来源、目的地、协议、访问时间等

图 7.21　数据包捕获示例

> **提 示**
>
> - 冒充正规用户进入：通过虚假电子邮件获取个人信息的"网络钓鱼"，以及冒充正规用户等特定目标获取信息的定向攻击越来越多地被用来获取账户和其他信息。
> - 事件日志：按时间顺序记录计算机、服务器等发生的 API 调用、进程信息、警告、错误、操作历史等的数据。
> - 数据包捕获功能：获取网络数据包并显示（可视化）、分析和汇总其内容的功能。